インドの
フードシステム

経済発展とグローバル化の影響

下渡敏治・上原秀樹 編著

筑波書房

目　次

序章　経済発展の下でのフードシステムの展開と本書の構成
　……………………………………………………下渡　敏治・上原　秀樹 … 1
　1．本書の課題と研究の背景　1
　2．本書の構成　2

第Ⅰ部　インド経済の変容とフードシステム

第1章　経済成長とフードシステムの構造変化 ……………… 下渡　敏治 … 7
　1．インドのフードシステムの特質　7
　2．インド型フードシステムの変容　9
　3．食料消費の高度化・多様化と食品製造業の発展　14
　4．食料消費の動向　16
　5．食料政策とフードシステムの将来　17

第2章　インドのマクロ経済と中所得国の罠…………………… 上原　秀樹 … 23
　1．はじめに―「中所得国の罠」論争　23
　2．インドのマクロ経済と経済発展の特徴―中国と比較して　24
　3．インドの経済成長率とマクロ需要の動向　32
　4．インドの海外部門とICT関連サービス部門　36
　5．インドの格差問題と地域主義の弊害　41
　6．おわりに―経済大国を目指すインドのもう一つの課題　43

第3章　グローバリゼーションとフードシステムの国際リンケージ
　　　　―農産品貿易と外資導入― ……………… 星野　琬恵・下渡　敏治 … 47
　1．はじめに　47
　2．農産品の貿易構造の変化とフードシステム　47
　3．フードシステムへの外資流入と戦略的投資分野としての食品産業　53
　4．フードシステムのグローバル化の今後の展開と課題　57

第4章　経済開発計画とフードシステムへの影響 ……………　立花　広記 … 61
　1．はじめに　61
　2．経済開発計画の概要　63
　3．第12次五ヵ年計画のフードシステムへの影響　67
　4．おわりに　74

第Ⅱ部　フードセクターの諸相と展開

第5章　インド農業の展開とフードシステム
　　　　―大豆を事例として― ……… 小林　創平・辻　耕治・中西　泉 … 79
　1．はじめに　79
　2．大豆の生産、需給および取引状況　79
　3．低い大豆の生産性とその要因　82
　4．JICA技術協力プロジェクト「マディヤ・プラデシュ（MP）州大豆増産プロジェクト」　88
　5．おわりに　92

第6章　インド農業の展開とフードシステム
　　　　―青果物を事例として― ………… ザイデン　サフダ・宮部　和幸 … 95
　1．はじめに　95
　2．インドにおける青果物の生産と流通の動向　95
　3．主要品目別の生産・流通　98
　4．青果物のサプライチェーン　107
　5．おわりに―青果物流通システムにおけるコールドチェーン―　110

第7章　インドの食品製造業・農産加工 ……………………　立花　広記 … 115
　1．はじめに　115
　2．食品製造業の市場規模　116
　3．近年における食品製造業の動向　120
　4．メガ・フード・パーク計画　125
　5．おわりに　128

第8章　インドにおける食品流通システムと流通組織 …… 横井　のり枝…131
　1．はじめに　131
　2．食品の流通構造　132
　3．食品小売業　138
　4．外資系小売業に対する規制緩和政策　144
　5．おわりに　148

第Ⅲ部　フードシステムを取り巻く社会経済環境の変化と資源・環境問題

第9章　腐敗撲滅運動と食料消費の実態
　　　　―ターネー市の調査を中心に― ………………… 上原　秀樹 … 155
　1．はじめに　155
　2．腐敗撲滅運動と社会活動家のアンナ・ハザレ　155
　3．背景にある「新しい飢餓問題」　159
　4．食料消費の実態：ターネー市の事例　161
　5．おわりに　168

第10章　インドにおける環境問題の深化とフードシステム
　　　　……………………………………… ロイ　キンシュック … 169
　1．インドにおける食・農・環境の位置付け　169
　2．インドにおける農業生産の現状　170
　3．インドの環境問題と農業との関わり　175
　4．インドの農業環境とフードシステムとの関わり　179
　5．インドにおける食・農・環境の展望　181

第11章　食料安全保障と配給制度の課題 ……………… 上原　秀樹 … 185
　1．はじめに　185
　2．伝統的な食料消費の特徴と変化の可能性　185
　3．国家食料安全保障法の特徴と課題　187
　4．おわりに　195

終章　フードシステムの展望と課題 ……………… 上原　秀樹・下渡　敏治 … 199
　1．フードシステムとインフレーション　199
　2．フードシステムの展開と課題　200
　3．グローバル化とフードシステムの課題　204

あとがき …………………………………………………………………………… 209
索引 ………………………………………………………………………………… 211
執筆者一覧 ………………………………………………………………………… 214

序　章

経済発展の下でのフードシステムの展開と本書の構成

下渡　敏治・上原　秀樹

1．本書の課題と研究の背景

　インド経済は過去30年間に亘って5～8％台の高い成長を続けており、直近の2010/11年度の成長率は8.6％に達している。12億人の総人口は2050年には16億人に達し中国を抜いて世界最大となり、その経済規模は中国、米国に次いで世界第3位、国内総生産（GDP）はアメリカと肩を並べる37.7億兆ドルに達するものと予測されている[1]。本書のいくつかの章でも指摘されているように、インド経済が抱える諸課題を克服することができれば、今世紀半ばを待たずに、インドが名実ともに世界最大規模の経済大国になることはほぼ間違いないものと思われる。インド経済躍進の原動力になっているのがいわゆるIT産業の分野であり、IT関連ソフトウエア、ITサービスの輸出競争力は競合国に比べて群を抜いている。
　インド経済の成長とともにGDPに占める製造業、サービス産業の比重が高まる一方、第1次産業である農林水産業の比重は1960年代の50.62％から2011年の17.2％へと大きく低下しており、1980年代初頭には食料消費支出の5割を占めた穀類の消費も2000年代半ばには30％台に減少する一方、牛乳、卵、肉類、水産物などの動物性食料や加工食品などの割合がそれぞれ20％以上に達するなど食料消費の内容も大きく変化している。それは取りも直さず、それらを供給する農業、食品製造業、食品流通業、国際貿易、フードサービス産業を含むフードシステムの構造そのものが大きく変化していることを意味している。

序章　経済発展の下でのフードシステムの展開と本書の構成

　いうまでもなく人口大国インドにとって農業・食料セクター（フードシステム）は12億人のインド国民の食卓を支える重要な産業部門であり、雇用の拡大や貧困削減、自然環境の維持・保全、安全保障等々の面でも重要な役割を担っている。兎角、IT産業などのサービス部門の華々しい躍進の陰に隠れて農業・食料セクターの果たす重要な役割や機能が見過ごされがちであるが、インド経済の持続的成長にとって農業・食料セクターの安定的な発展は重要な政策課題のひとつである。インドには未だに経済発展から取り残された数億人に及ぶ貧困層が存在しており、その多くは農業・食料セクターに依存して生計を立てている。

　そこで、いま経済発展下のインドのフードシステム（農業・食料セクター）にどのような変化が起きているのか、そしてそれはインド経済の成長とどのように関わっているのか、持続的な人口成長が見込まれる中で将来に亘って食料の安定確保が維持できるのか、あるいはインドも中国と同じように今後大規模な食料輸入国に転じるのか、そしてそれは世界の食料需給にどのようなインパクトを与えるのか、おおよそ以上のような問題意識に基づいてインドのフードシステムの現状と課題を大掴みに整理したのが本書である。もとより日本のおよそ10倍に相当する12億人の巨大人口を抱え、急速な経済発展の下で大きく変貌しつつあるフードシステムの全体像を把握し、それらの変化の実態を整理・解析することは容易なことではない。またフードシステムの関連資料が多岐に亘りその入手や執筆者の確保が困難なことなどもあって、本書の内容も限定的なものとならざるを得なかった。このため、本書ではまずインドのフードシステムの実態とそこでの諸課題を可能な限り整理・解析することに目標を定めて、執筆作業をすすめてきたが、われわれの努力にも限界があり各章の内容に偏りや重複が生じる結果となった。これらの是正を含めて今後さらに研鑽を重ねてインドのフードシステムの全容解明に努めていきたい所存である。

２．本書の構成

　本書の概要を簡単に紹介しておこう。本書は、大きく３つの部分から構成され

序章　経済発展の下でのフードシステムの展開と本書の構成

ている。第Ⅰ部「インド経済の変容とフードシステム」では、まずインド経済の成長とフードシステムの相互関係を整理し（第1章）、第2章では「中所得国の罠」の論点を踏まえながら、マクロ経済の発展と投資環境の変化がフードシステムに及ぼす影響を分析し、マクロレベルの経済発展が投資環境やフードシステムにどのような影響を及ぼしているかについて中国との比較を通して検討した。第3章では食料貿易と外国資本による直接投資の側面からインドと海外のフードシステムのリンケージとその動向を検討し、インドにおいても食料の海外依存が強まる傾向にあること、外資系企業による食料部門への投資が増大しつつあることを明らかにする。第4章では、第12次経済開発計画においてフードシステムに関する計画や政策はどのように位置づけられているのか、それらの位置関係と経済開発計画とフードシステムへの影響について農業と食品産業を対象に検討した。

　第Ⅱ部「フードセクターの諸相と展開」では、まず第5章のインド農業の展開とフードシステムにおいてインドでは米麦に次ぐ重要作物と位置づけられている大豆のフードシステムについて、日本政府がインド中央部のMP州で展開している大豆増産プロジェクトと大豆生産の見通しについて検討した。第6章ではインド農業の中で大きな位置を占める青果物の生産と流通に焦点を当てて、フードシステムの川上に位置する農業セクターの構造変化の一端について検証した。第7章インドの食品製造業・農産加工では、フードシステムの川中に位置する食品製造業・農産加工に焦点を当てて、加工食品の市場規模、産出額、製造企業の動向、対内直接投資の動向、メガ・フード・パーク計画について検討した。第8章インドの食品流通とその組織では世界第5位に躍進したインドの小売市場を担っている流通組織に焦点を当てて、農産物、加工食品の流通構造、主な食品の小売業態、小売業の組織化・チェーン化の課題および規制緩和の動向等について検討し、インドにおける流通業の今後の展開方向を探ることにした。

　第Ⅲ部「フードシステムを取り巻く社会経済環境の変化と資源・環境問題」では、まず腐敗撲滅運動と食料消費の実態（第9章）で、インドの近代化と経済発展を遅延させている腐敗・汚職に取り組んでいる活動を紹介したうえで、経済発展によって富裕層と貧困層との二極化が進むインドの消費者層の事例とフードシ

序章　経済発展の下でのフードシステムの展開と本書の構成

ステムとの相互関係に焦点を当てて、その実態とそこでの課題を探ることにした。

　第10章の農村における環境問題の深化とフードシステムでは、環境保全学の視点から主に、干魃と豪雨（洪水）、砂漠化などの自然災害や都市開発などによって悪化するインドの自然環境（水、土壌）を中心にそれらの食料生産への影響について検討した。第11章の食料安全保障と配給制度の課題では、将来16億人に達する巨大人口に対して或いは経済発展によって高度化、多様化する食料需要に対して安定的かつ持続的な食料安全保障が確保できるのか否か、特に貧困層をターゲットにした新たな食料安全保障の課題を配給制度の側面から検討した。終章インドのフードシステムの展望と課題では、各章の考察結果を踏まえて、今後インドのフードシステムはどのような方向に展開しつつあるのか、その展望とそこでの課題を概括的に整理した。

注
1）インドの経済成長とその実態に関しては、小島愼「インド経済の展望と課題」『世界経済評論』2006年3月号、インド経済の実力「エコノミスト」2005年7月5日号、伊藤正二・絵所秀紀『立ち上がるインド経済』日本経済新聞社、1995年6月、佐藤隆広編著（2009年）『インド経済のマクロ分析』世界思想社、佐藤隆広『インド経済のマクロ分析』財務総合政策研究所、2012年10月26日、JETRO「ジェトロセンサー：特集インドと組む」、Business Indiaなどに詳しい。

第Ⅰ部　インド経済の変容とフードシステム

第1章

経済成長とフードシステムの構造変化

下渡　敏治

1．インドのフードシステムの特質

　インドのフードシステムの特質は、①経済全体に占める農業・食料セクター（フードシステム）の規模の大きさ、②地域間格差、③階層間格差、④消費（多民族、食文化の地域性及び宗教的要因）の多様性・特殊性、⑤川上の農業部門の比重の大きさと川中、川下へのシフト、⑥川上から川下に至るサプライチェーンの脆弱性にあると言ってよい（図1）。しかしながらこれらの特質を実証するための統計資料の入手が困難なことや入手できた統計資料にもバラツキがあることなどか

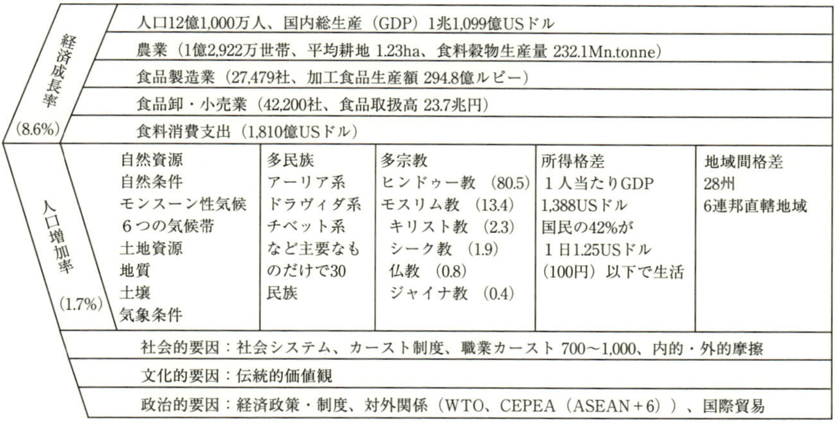

経済成長率 (8.6%)	人口12億1,000万人、国内総生産（GDP）1兆1,099億USドル				
^	農業（1億2,922万世帯、平均耕地 1.23ha、食料穀物生産量 232.1Mn.tonne）				
^	食品製造業（27,479社、加工食品生産額 294.8億ルピー）				
^	食品卸・小売業（42,200社、食品取扱高 23.7兆円）				
^	食料消費支出（1,810億USドル）				
人口増加率 (1.7%)	自然資源 自然条件 モンスーン性気候 6つの気候帯 土地資源 地質 土壌 気象条件	多民族 アーリア系 ドラヴィダ系 チベット系 など主要なものだけで30民族	多宗教 ヒンドゥー教（80.5） モスリム教（13.4） キリスト教（2.3） シーク教（1.9） 仏教（0.8） ジャイナ教（0.4）	所得格差 1人当たりGDP 1,388USドル 国民の42%が 1日1.25USドル (100円)以下で生活	地域間格差 28州 6連邦直轄地域
^	社会的要因：社会システム、カースト制度、職業カースト 700～1,000、内的・外的摩擦				
^	文化的要因：伝統的価値観				
^	政治的要因：経済政策・制度、対外関係（WTO、CEPEA（ASEAN+6））、国際貿易				

図1　インドフードシステムの多層性

表1　実質GDPの成長率

(単位：％／年)

	1992-97	1997-2002	2002-7	2002/3	2003/4	2004/5	2005/6	2006/7	2007/8
GDP (要素費用)	6.6	5.5	7.8	3.8	8.5	7.5	9.4	9.6	9.0
農業	4.8	2.5	2.5	-7.2	10.0	0.0	5.9	3.8	4.5
工業	7.3	4.3	9.2	7.1	7.4	10.3	10.1	11.0	8.5
サービス産業	7.3	7.9	9.3	7.5	8.5	9.1	10.3	11.1	10.8
1人あたり GDP	4.4	3.5	6.1	2.3	6.9	5.8	7.7	8.1	7.5

出所：Central Statistical Organisation（CSO）.
注：工業は建設業を含む。

らフードシステムの全体像とその構造的特徴、構造変化の内容を実証的に把握するには大きな制約がある。したがってここで川上、川中、川下に至るフードシステムの動向を概括的に整理するにとどめ、詳細は各章の考察に委ねたい。

　周知のように、インド経済は1990年代に年率6％台の成長を遂げ、2000年代に達成した年率8％の経済成長率は、中国に次いで世界第2位の高い成長率であった[1]。各産業部門別の成長率では躍進著しいIT産業部門を含むサービス産業の成長率が7～11％と最も高く、工業部門の成長率も7～10％と高いものであった。こうした高水準の経済成長によって、インドは日本、中国に次いでアジアで第3位の経済大国となった。産業部門別では、フードシステムの重要な構成主体である農業部門の成長率は工業部門とは異なる生産性の性格上、概ね2.5％から5％程度とサービス、工業部門に比べると低い水準にあることは否めない（**表1**）。しかしながら、インドの経済成長の背景には、経済発展のボトルネックになっていた農業部門が食料自給の達成によってもはや阻害要因ではなくなったこと、経済改革による経済自由化の進展と市場原理の導入によって工業部門の生産性が大きく向上した点があげられる[2]。とりわけITなどのサービス産業部門の急速な発展はインド経済を一変させるほどの大きな経済効果をもたらした。これに伴い、1950年当時GDPの55％を占めた農業の割合は漸次低下に向かい、1980年代には37.92％に、そして2006/7年には18.51％へと大きく低下している。しかし同じ新興国、人口大国として比較の対象となる中国（2006年11.8％）に比べて依然として高い水準にあることは間違いない[3]（**表2**）。

第1章　経済成長とフードシステムの構造変化

表2　GDPに占める各部門のシェア

(単位：%、1999/2000年価格)

	1950/1	1960/1	1970/1	1980/1	1990/1	2000/1	2006/7
農業	55.11	50.62	44.26	37.92	31.37	23.89	18.51
工業	15.03	18.68	22.07	24.04	25.92	25.8	26.75
サービス産業	29.55	30.32	33.55	38.04	42.71	50.31	54.74

資料：Central Statistical Organization (CSO)、CRISIL.

　1980年代のインドは経済活動が停滞し、貧困人口と食料不足人口が大きな割合を占め、貧困ラインにある人口の割合は21.8％に達し、一日あたり1.25ドルで生活する人々の割合が41.6％を占めるなど経済的に困窮した国家の一つに数えられていた。2009年現在、インドの一人あたりGDPは1,220ドルに達し、1990年代に比べて増加してはいるものの、依然として世界の低所得国の位置にとどまっている[4]。その原因の一つが高い人口増加率にあったことは否定できない。人口増加率は1980年代の2.2％から1990年代の2.0％、2001-2010年の1.6％、2011-2020年の1.2％（予測値）へと低下しているが、それにもかかわらず2050年には16億人に達し中国を抜いて世界一の人口大国となることが確実視されている[5]。

　しかも総人口のおよそ70％にあたる8億人が農村地域に居住し、その58％が今も農業および第1次産業に依存して生計を立てている。一方、都市人口も年率2％の割合で増加しており、都市部で増加している中間層が食料需要の拡大や食の多様化の進展に大きなインパクトを与えている[6]。インドでは都市世帯の消費支出の47％が食料費に支出されており、食料需要は年を追う毎に増加し続けている国民所得と食料の価格変動に敏感に反応しており、富裕層・中間層と貧困層とでは食料消費の中味が大きく乖離していることもインドのフードシステムの発展にとって大きな課題である。

2．インド型フードシステムの変容

　インド型フードシステム或いはインド型食文化といった方が適切かも知れないが、とにかくインド（南アジア）の食文化は他のアジア諸国とは大きく異なっている。その大きな違いのひとつは全人口の7割とも8割ともいわれる菜食主義者

表3　GDPに占める農業生産活動の割合（2004-05価格）

（単位：万ルピー）

年次	GDP	農業部門の生産額		GDPに占める農業部門の割合（％）
		GCF	GDP	
2004-05	2,971,464	76,096	565,426	19.00
2005-06	3,254,216	86,611	594,487	14.57
2006-07	3,566,011	90,710	619,190	14.65
2007-08	3,898,958	105,034	655,080	16.03
2008-09	4,162,509	128,659	654,118	15.76
2009-10	4,493,743	133,377	656,975	14.60

出所：Central Statistics Office.
注：2008-09と2009-10の数値はそれぞれ暫定値と速報値。

（vegetarian）の存在である。そして、二つにはインド・カレーに代表されるように香辛料やハーブを多用した独特の味付けとそのメニューである。ところが、そのインドでも都市部を中心に、マクドナルドやケンタッキー・フライドチキンなどのファースト・フード店、ピザやパスタなどのレストランが出店し、店舗数を増やしている。三つ目には、インド各地に散在している中華料理店を除いて麺を消費する食文化がなく、とりわけ農村地域ではほとんど消費されてこなかったラーメン、インスタントラーメンが食卓に登場するようになったことも大きな変化である。こうした食生活の変化によってインドのフードシステムも大きな構造変化を経験しつつある。その一方で農業・農村の営みのように昔とあまり変わらないものもある。インドのフードシステムの構造的特徴はその年間生産額や就業人口において川上の農業部門（水産業を含む）の規模の巨大さにある。表3はGDPに占める農業生産活動の割合を示したものである。インド経済の発展とともにGDPに占める農業の生産額も2004-05年の565,426万ルピーから2009-10年の656,975万ルピーに増大しており、GDP全体の伸びに比べて成長のテンポは緩やかではあるものの、生産額が着実に増大していることが窺える。つまり経済発展の足枷となっていたインドの農業問題は最早経済発展のボトルネックではなくなったのである。一方、他の先進諸国と同様に国民経済（GDP）に占める農業部門のシェアが2004-05年の19.0％から2009-10年の14.6％へと低下していることが判る。主要農産品の産出量を1996-97年、2011-12年の2時点で比較してみると、穀類は1996-97年の199.3Mt.トンから2011-12年の337.3Mt.トンへ1.7倍に大きく増加

第1章　経済成長とフードシステムの構造変化

表4　主要農産品の生産量と1人あたり消費量

品目	生産量		1人あたり消費量	
	1996-97	2011-12	1996-97	2011-12
	Mt.トン		Kg	
穀類	199.3	337.3	188.5	223.4
米	81.3	128.2	84	93.8
小麦	69.3	130.5	63	81.3
豆類	14.5	29.8	14	20.8
油糧種子	25	58.6	7	11.1
サトウキビ	277.3	679.6	27	45.5
乳製品・牛乳	68.6	227.5	70.3	152.2
水産品	5.4	14.8	5.1	9.3

出所：USDA, ERS データによる。

しており、その内訳を見ると、米は81.3Mt.トンから128.2Mt.トン（1.6倍）、小麦は69.3Mt.トンから130.5Mt.トン（1.88倍）へと大きく増加したことが判る。同様に、豆類は14.5Mt.トンから29.8Mt.トン（2倍）に、油糧種子は25Mt.トンから58.6Mt.トン（2.3倍）、サトウキビは277.3Mt.トンから679.6Mt.トン（2.45倍）に、乳製品・牛乳は68.6Mt.トンから227.5Mt.トン（3.3倍）に、水産物は5.4Mt.トンから14.8Mt.トン（2.7倍）に増えている。これに伴い、主要品目の一人あたり消費量も軒並み増加傾向を辿っており、米、小麦、豆類、油糧種子、サトウキビは概ね1.5倍程度に消費が増えており、乳製品・牛乳に至っては2倍以上に消費が増えていることが判る（表4）。しかしそれぞれの農業サブセクターの産出額の成長率を見ると、1992-07年の期間に比べて1997-2000年、2002-07年の期間中の各セクターの成長率が相対的に低い水準にとどまっていることが判る（図2）。つまりそれは生産量、生産額そのものは大きく増加したものの、個々の農産物の成長率は鈍化していることを示している[7]。農産物の中ではそれぞれ全体の3割強を占めた食糧穀物とその他作物の割合が24.9％と27.9％に低下する一方、畜産物は20.3％から25.9％に、果実・野菜は14.1％から16.9％に、水産物も2.7％から4.4％にその割合を高めており、自給的性格の強い食料穀物の生産からより付加価値の高い生産物への転換が進展していることが窺える[8]（図3）。次の図4は地域（州）の農業及び農業関連産業の成長率を示したものである。周知のように、インドは19の州によって構成されており、地理的には北はヒマラヤ、チベットに接し、南はインド洋、アラビア海に面し、西はパキスタン、東はミャンマーと国境を接してお

第Ⅰ部　インド経済の変容とフードシステム

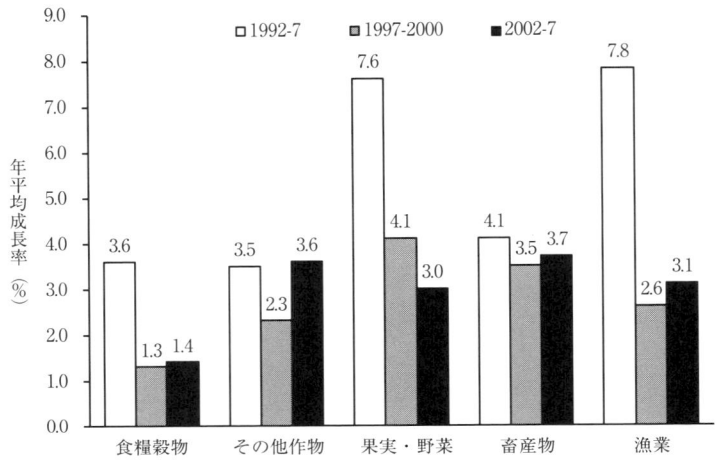

図2　農業サブセクターにおける産出額の年平均成長率の比較

出所：National Accounts Statistics, CSO, GOI, various issues.

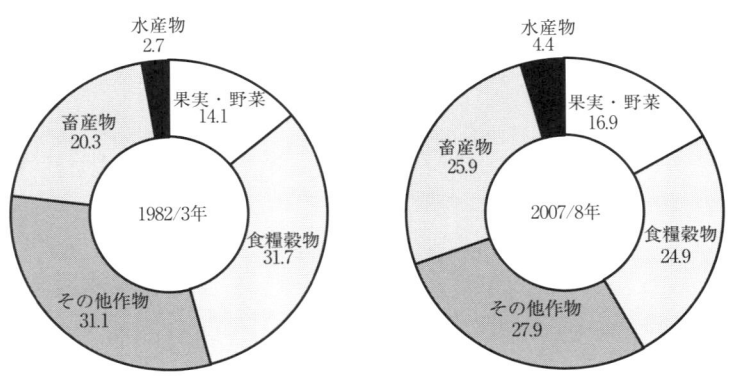

図3　農業産出に占める高付加価値品目の割合（％）

出所：National Accounts Statistics, CSO, GOI, various issues の産出データより算出。

り、気候条件を含めて自然条件や社会・経済的条件も州毎に大きく異なっている。州別の農業及び農業関連産業の粗生産額はグジャラート州、ラジャスタン州の西部地区と北部のヒマーチャルプラデシュ州、中部のアンドラプラデシュ州、チャッティスガリ州、ビハール州で相対的に高く、全インド平均を大きく上回ってい

第1章　経済成長とフードシステムの構造変化

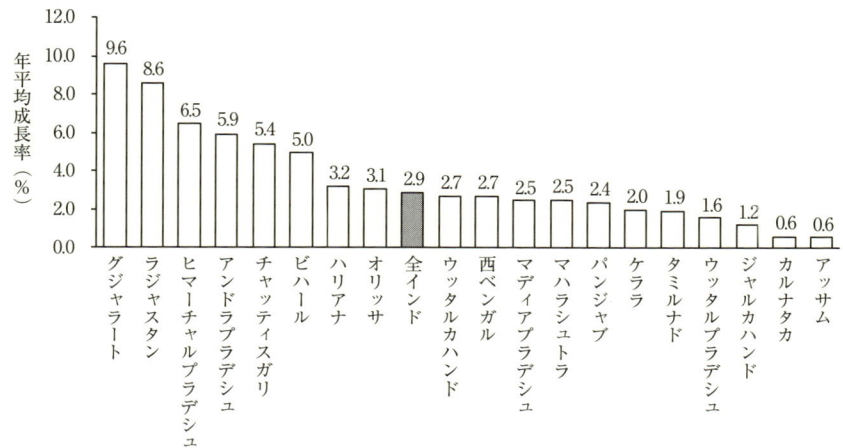

図4　農業及び農業関連産業の州別粗生産額の年平均成長率
出所：各州のGDP, CSOウェブサイト。

る。これに対して、東部のアッサム州、カルナタカ州、西部のウッタルプラデシュ州、南部のケララ州などでは農業生産の成長率が低い傾向にある。その要因としては、①パンジャブ州やマハラシュトラ州などのような農業先進地域では既に農業生産が高水準に達しているために成長率が相対的に低位で推移していること、②一方、ビハール州、チャッティスガリ州などの農業生産の後発地域では農業の近代化の進展に伴って農業生産の成長率が急速に高まったものと推測される。いずれにしてもインド国内の農業生産は地域間で大きな格差と差異が存在していることが明らかである[9]。

さらに増大する食料需要の一方で、収穫後の食料の損失率が高い水準にあることもインドのフードシステムの大きな特徴のひとつである（**表5**）。食料ロスの削減による食料の安定確保はフードシステムの将来にとっての大きな課題である。これらの損失は、概ね、農作物の収穫方法、道路、輸送手段、貯蔵施設の欠如や不備

表5　主要農産物の損失率

作物	損耗率（％）
穀類	3.9-6.0
豆類	4.3-6.1
油糧種子	6.0
野菜・果実	5.8-18.0
牛乳	0.8
水産物	2.9
肉	2.3
鶏肉	3.7

出所：CIPHET, 2010.

などに起因した途上国に共通した問題のひとつであるが、損失率は穀類で3.9%-6.0%、豆類で4.3-6.1%、油糧種子で6.0%、野菜・果実で5.8-18.0%の高水準にあり、損失率を低下させるためのインフラ整備などが緊喫の課題となっている[10]。

3．食料消費の高度化・多様化と食品製造業の発展

　経済発展に伴う食料消費の高度化、多様化を反映してインドの食品加工部門も大幅な伸びを示している。先ずインドの全製造業部門に占める食品製造業の位置関係を見ると、工場数で18.3%、雇用者数で16.9%、投資額で12.3%、粗産出額で15.7%、付加価値で11.4%を占めており、工場数と雇用者数で第1位、投資額と粗産出額、付加価値額では基礎化学品製造業に次いで第2位の位置にあり、全製造業の中でも極めて重要な基幹産業のひとつになっていることが判る（**表6**）。主な加工食品は砂糖、紅茶、コーヒー、バナスパティ油などであるが、その他の加工品は統計データが見あたらない。したがって主要4品目に限定してその生産量の推移を見ると、1980年代に比べて2000年代以降の砂糖の生産量は3倍に増加しており、インドの代表的な農産品のひとつである紅茶は1.5倍に、コーヒーは2倍に、バナスパティ油も2.1倍に増加していることが判る（**表7**）。さらに1990年代末以降、減少傾向にあった食品製造業の雇用者数も2000年代半ば以降急速な

表6　食品工業の全製造業部門に占めるシェア

（単位：%）

	工場数	雇用シェア	投資額	粗産出額	付加価値
加工食品及び飲料	18.3	16.9	12.3	15.7	11.4
繊維製品	9.8	15.3	8.9	8.5	7.3
総計（含む他産業）	100.0	100.0	100.0	100.0	100.0

出所：Statistical Outline of India 2004-2005.

表7　加工食品の生産量の推移

食品	単位	1980-81	1990-91	2001-02	2002-03	2003-04
砂糖	100万トン	5.1	11.8	18.5	18.9	16.3
紅茶	1,000トン	568	719	842	838	851
コーヒー	1,000トン	139	170	275	275	275
バナスパティ油	1,000トン	753	824	1,301	1,448	1,626

出所：表6に同じ。

第1章 経済成長とフードシステムの構造変化

増加に転じ、2004-05年の1,300万人台から2007-08年の1,500万人台へと雇用が増加していることが判る（図5）。これらの結果、2009-10年の対2004-05年の加工食品の生産額は肉・水産・野菜加工品、酪農品、穀類加工品で1.3倍、その他加工品で1.6倍、飲料で2.2倍に増えており、GDPの成長率に対する食品製造業の寄与率は、2008-2010年にはマイナスに陥っているものの、2005-2009年にかけては農業生産

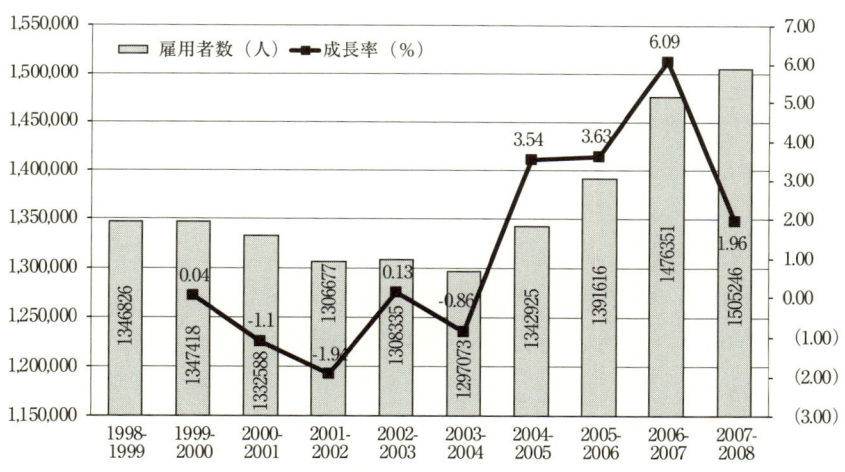

図5 食品製造業における雇用の推移

出所：Annual Survey of Industries.

表8 GDPに対する食品製造業の寄与率

(単位：千万ルピー)

	2004-05	2005-06	2006-07	2007-08	2008-09	2009-10	平均
肉、水産、野菜加工品	9,236	8,682	9,548	10,349	12,043	12,224	10,347
酪農品	3,509	4,342	4,319	4,608	5,419	4,762	4,493
穀類加工品	13,467	12,347	11,903	12,846	15,947	17,741	14,042
その他加工品	14,722	17,794	20,895	22,522	25,775	23,664	20,895
飲料	3,421	4,525	5,499	6,995	7,938	7,687	6,011
計 (X)	44,355	47,690	52,164	57,320	67,122	66,078	55,788
GDPの成長に対する寄与率	−	7.52	9.38	9.88	17.10	-1.56	
農業総生産 (Y)	476,634	502,996	523,745	556,956	553,454	553,010	527,799
GDPの成長に対する農業の寄与率	−	5.53	4.13	6.34	-0.63	-1.56	
漁業	27,152	28,749	30,650	32,427	33,561	35,215	31,292
農業＋漁業の総生産額 (Z)	503,786	531,745	554,395	589,383	587,015	588,225	559,092
X/Z (%)	8.8	9.0	9.4	9.7	11.4	11.2	

出所：NAS 2011.

第Ⅰ部　インド経済の変容とフードシステム

の寄与率を遥かに上回る7〜17％の高い寄与率となっており（**表8**）、この点からもインドのフードシステムが次第に川上の農業から川中の食品製造業にシフトしつつあることが窺える[11]。

4．食料消費の動向

　インドの食料消費に顕著な変化が現れ始めたのは1990年代の初頭以降である。この時期は、インドにおいて国際貿易、外資政策、為替政策などの一連の経済改革が滑り出した時期でもある[12]。長谷山は1950年代以降インドの食料消費形態が大きく変化し、1972-73年には農村人口の消費支出の73％が食料品の購入に支出され、残りの27％が非食料品に支出されていたものが、1993-94年になると食料品は63％へと10ポイント減少し、非食料品が37％となったこと、都市では食料品が55％に減少し、非食料品が45％に増加したこと、食料品支出の構成も穀類は農村で46％から28％に、都市では27％から17％に減少し、一方、酪農品は農村で7.3％から9.5％に、都市で9.3％から9.8％に増加するなど、需要の所得弾力性のより高い動物性食料などの非穀物食品の消費の増加傾向が顕著であることを明らかにしている。さらに長谷山は都市と農村とでは穀物への支出に大きな格差が見られること、インドでは主食穀物以外の栄養素の高い食品への支出は未だ低い水準にあると指摘し、尚かつ地域別の食料消費の差異が大きく、そこにはインド社会の経済的・社会階層的差異やインド社会に根強く定着・残存しているカースト制度が深く関係していることを明らかにしている[13]。その後のインドの食料消費構造はどのように変化したのか。1990年代以降、インド経済は6％の成長を達成し、2003年以降はそれよりも一段高い8％台の成長率を実現している。こうした高い経済成長によってインドの国民所得も大きく向上した。国民所得の向上と都市化の進展は貧困層の削減と同時に、より栄養価に富んだ多様な食品、新しい食品、外国産食品・食材の需要拡大をもたらしている[14]。それを示したのが**表9**である。支出金額の上位5品目はパン・穀類、牛乳・チーズ・ヨーグルトなどの乳製品・卵、野菜、果実であり、以下、肉類、植物油・油脂類、砂糖・菓子、その他食品、魚・

16

表9　インドにおける主要食料品の消費支出：2006-2011

品目	2011（兆ドル）	2006-2011（成長率）
パン及び穀類	76.2	69.7
牛乳・チーズ・卵	58.9	63.6
野菜	44.9	45.3
果実	27.8	34.3
肉類	19.1	56.6
植物油・油脂類	13.2	88.6
砂糖・菓子	9.5	13.1
その他食品	9.5	23.4
魚及び水産物	8.2	57.7
計	267.3	54.5

出所：Euromonitor.
注：成長率は実質化済みの値に基づく。

水産物の順となっている。これを2006から2011年までの伸び率でみると、植物油・油脂類が88.6％と最も高く、以下、パン・穀類69.7％、牛乳・チーズ・卵63.6％、魚・水産物57.7％、肉類56.6％、野菜45.3％の順となり、相対的に動物性食料の成長率が高いことが判る。一方、1980年代には食料費支出の7割を占めた穀類・豆類及び牛乳・乳製品の割合は大きく低下し、穀類・豆類は36％に、牛乳・乳製品は16％に減少していることが判る。これに対して、非穀物食料の肉類・水産物・卵、野菜、果実・ナッツ類、その他食料への支出が大きく伸長しており、長谷山が指摘したように栄養食品への支出割合が大きく高まっていることが判る（**図6**）。その一方で、食料消費の地域間格差が大きく、農村で月平均1人当たり支出額が最も大きいケララ州と最も少ないオリッサ州とでは214ルピーもの開きがある。同様に、都市で最も支出金額の多いグジャラート州と最も少ないマディアプラデシュ州とでは196ルピーもの開きが存在している。つまり、インド国内では地域（州）と都市と農村の間にかなり大きな消費格差が存在していることが判る（**表10**）。

5．食料政策とフードシステムの将来

インドではこれまで年間2億3千万トンもの食料穀物（主に米、小麦）が生産されており、国内需要を賄い尚かつ余剰分は海外に輸出されてきた。しかし人口

第Ⅰ部　インド経済の変容とフードシステム

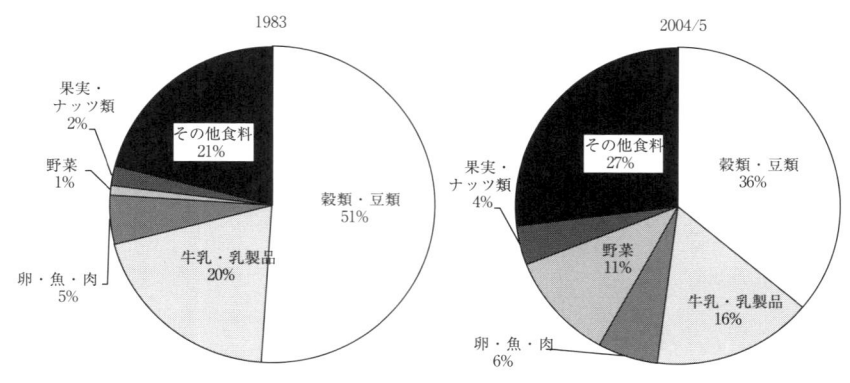

図6　農業産出に占める高付加価値品目の割合（％）

出所：National Sample Survey Organisation（NSSO），GOI.

表10　月平均1人あたり消費支出：2004
（単位：ルピー）

	農村		都市	
	食料	非食料	食料	非食料
アンドラプラデシュ	307	267	412	577
アッサム	341	191	466	481
ビハール	261	163	340	351
グジャラート	325	265	520	709
ハリヤナ	371	331	450	673
カルナータカ	274	239	411	558
ケララ	443	438	510	757
マディアプラデシュ	234	202	324	385
マハラシュトラ	281	263	468	695
オリッサ	229	161	385	483
パンジャブ	373	416	436	675
ラジャスタン	321	253	377	453
タミールナド	299	243	436	636
ウッタルプラデシュ	263	223	376	503
西ベンガル	300	193	487	578
インド平均	292	239	430	582

出所：Statistical Outline of India 2004-2005

増加と経済発展によってインド国内における食料需要が増大し、食料穀物の輸出余力は急速に低下している。特に小麦に至っては輸出量が最盛期の565万トンから10分の1の50万トン程度にまで縮小してきている[15]。経済発展とともに食料穀物の輸出余力は低下したが、主食である小麦と米の実質在庫は最小必要量を十二

分に満たしており、現時点ではインドの食料安全保障に何ら不安はないかに見える（**表11**）。しかしながら経済発展に伴う3億人以上もの中間所得層の出現と人口圧力によって、今後インドではこれまで以上に食料に対する消費需要が増大し、新たな食料問題が発生する可能性を孕んでいる。不足する食料を賄うために、近い将来、インドは中国と同じ様に食料を国際市場に大きく依存するようになるかも知れない。インド政府によると、インド国内の貧困削減と食料安全保障のためには、年率4.0％から4.5％の農業生産の成長が必要であると試算している[16]。しかしながら、①農業に対する民間投資（主に灌漑設備）は1980年代の4.0％から90年代の1.9％に減少し、②農業に対する公共投資もGDPの0.5％に過ぎない、③化学肥料の投入量の年平均成長率も1980年代の7.8％から90年代の4.3％に低下しており、④食料穀物の高収量品種（HYV）の成長率も1980年代の4.9％から90年代の2.8％に低下している、⑤北西地域の米麦輪作体系による集約的農法が農地の消耗を引き起こしている、といった深刻な問題が指摘されており、政府目標である4.0％台の成長を達成するのは難しい状況にある[17]。**表12**はインド、中国、ブラジルのいわゆるBRICS 3カ国の農業投資を比較したものである。GDPに占める投資の割合は中国よりも低い水準にあるものの、ブラジルよりも高いことが判る。しかしGDPに占める農業投資はブラジルを大きく下回り、中国に比べて

表11　主要穀物の最小必要量と実質在庫

(単位：10万トン)

	小麦		米		計	
	最小必要量	実質在庫	最小必要量	実質在庫	最小必要量	実質在庫
2008/1月	82	77.12	118	114.75	200	191.87
4月	40	58.03	122	138.35	162	196.38
7月	201	249.12	98	112.49	299	361.61
10月	140	220.25	52	78.63	192	298.88
2009/1月	112	182.12	138	175.76	250	357.88
4月	70	134.29	142	216.04	212	350.33
7月	201	329.22	118	196.16	319	525.38
10月	140	284.57	72	153.49	212	438.06
2010/1月	112	230.92	138	243.53	250	474.45
4月	70	161.25	142	267.13	212	428.38
7月	201	335.84	118	242.66	319	578.50
10月	140	277.77	72	184.44	212	462.21

出所：Economic Survey 2010-11, Government of India, Table8.16

表12　インド、中国、ブラジル3ヶ国における農業投資比較

国/年	GDPに占める割合（％）	
	全体	農業
ブラジル（2001-03平均）	16.2	48.4
中国（2003-05平均）	42.8	9.6
インド（1998-2000平均）	25.7	15.3
インド（2003-05平均）	27.3	6.6

出所：Banco Central do Brasil; National Bureau of Statistics of China; Reserve Bank of India; Government of India, Ministry of Agriculture, Directorate of Economics and Statistics, 2003.

表13　米と小麦の経済的コスト

(単位：ルピー/100kg)

年		2002-03	2004-05	2006-07	2007-08	2008-09	2009-10	2010-11
米								
	調達付帯費用	61.67	28.48	193.66	214.91	252.58	295.03	316.81
	流通コスト	157.72	256.51	289.58	297.82	263.81	208.40	254.51
	経済的コスト	1,165.03	1,303.59	1,391.18	1,549.86	1,732.48	1,873.58	2,043.14
小麦								
	調達付帯費用	137.63	182.74	180.15	164.02	193.62	219.22	224.99
	流通コスト	145.51	222.80	269.36	244.43	230.27	216.06	248.89
	経済的コスト	884.00	1,019.01	1,177.78	1,311.75	1,384.42	1,457.30	1,543.93

出所：Economic Survey2010-11, Table8-17.

も低水準にある。しかも2000年代の投資の水準は1990年代の3分の1近くに落ち込んでいることが判る。因みに、経済発展の影響を受けて、インドの主食である米と小麦の経済コストはもとより農産物と食料品の価格が大幅に上昇する傾向にある（表13）[18]。それは国民所得の上昇とともに、2000年代以降、なおざりにされてきた農業への民間・公共投資に起因している可能性がある。いずれにしても、インドのフードシステムの脆弱性を露呈した現象のひとつといえよう。さらに、インドのフードシステムの将来の発展方向を展望した場合に、フードシステムの構成主体である農業と食品製造業・外食産業、食品製造業と食品流通（卸・小売）業・外食産業、食品流通業と食料消費の相互関係、主体間の連携・統合関係の構築は極めて重要な課題のひとつである。図7は、分断されたインドの農業システム、食料のサプライチェーンの統合化の方向を示している。インドの農村では経営耕地面積が2haに満たない零細規模の農業生産者が80％（農家一戸あたりの平均耕地面積は1.37ha）を占めており、これらの小規模・零細農民に対し

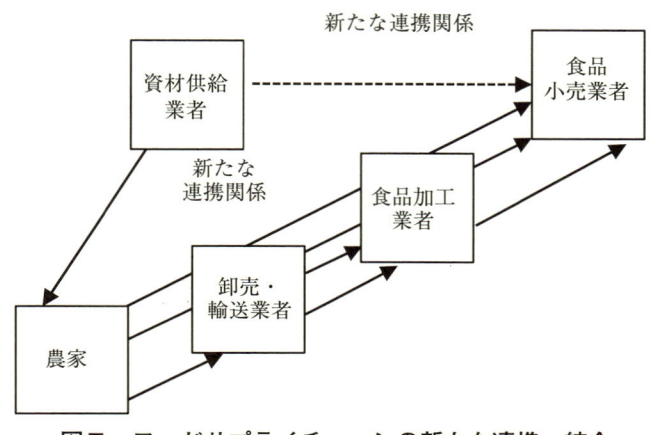

図7　フードサプライチェーンの新たな連携・統合
出所：Gulati and Gupta, India's Economy Figure7.10.

て高付加価値農産物の生産と非農業部門による雇用機会の創出によって所得向上を達成するには、分断された伝統的な農業・食料システムを統合し、農業と食品製造業、食品小売業などの連携・結合関係を形成することによって農業とバリューチェーンの良好な関係を構築することが重要である[19]。経済環境が現在とは大きく異なっていたとはいえ、これまでの11次に及ぶ五ヵ年計画を含めた独立後のインドの経済計画では農業は工業とともに重要な経済政策の柱に位置づけられてきた。しかし、経済発展によって今後未曾有の食料の需要拡大が予測される一方、人口のおよそ5割が依然として貧困水準にとどまっており、持続的な経済成長が維持されたとしても近い将来、これらの貧困人口を含むすべての国民の食料消費水準と栄養水準が大きく改善することはなさそうである。これらの問題解決にはフードシステムを構成する農業、食品製造業、食品流通業の連携関係の構築とバリューチェーンの形成とそれを推進するためのインド政府の政策的支援が不可欠である。

注
1) Surjits Bhara, Indian Economic Growth, Shankar Acharya, Rakesh Mohan,

第Ⅰ部　インド経済の変容とフードシステム

  edited, *INDIA'S ECONOMY*, OXFORD UNIVERSITY PRESS, 2010, pp.39-41.
2 ）同上書、pp.43-44、山崎恭平『インド経済入門』日本評論社、1997年、pp.55-83。
3 ）Asian Development Bank. *KEY INDICATORS-2006-*, p131. KALYANI BANDYOPADHYAYA, *Agricultural development in china and india- A Comparative Study-*, WILEY EASTERN LIMITED, NEW DELHI, pp.135-162.
4 ）Siddhartha Roy, R.G. Katori, edited, "Statistical Outline of India-2004-2005", INFOMEDIA (INDIA) LIMITED, p5.
5 ）UN, World Population Prospects the 2010.
6 ）USDA, ERS, India Basic Information他。
7 ）紙幅の制約からここでは省略したが、食料生産のための土地利用、単位収量、品目別の生産動向、降雨の影響、灌漑設備、農業金融、価格政策などに関しては、"Agriculture and Food Management", Economic Survey 2010-11, OXFORD UNIVERSITY PRESS, February 2011, pp.187-216に詳述されている。
8 ）インドの食文化とその変遷については、小磯千尋・小磯学『世界の食文化⑧インド』農文協、2006年を参照されたい。
9 ）Ashok Gulati, Accelerating Agriculture Growth, INDIA'S ECONOMY, pp.221-236.
10）同上書、pp.220-221。
11）MOFPI, Government of India, "Annual Report 2011-12" p16.
12）同上、Annual Report 2011-12, pp.9-17.
13）今村卓「経済改革はゆっくりだが進んでいる―特集・インド経済の実力」『エコノミスト』2005年7月5日号、pp.37-38。
14）長谷山崇彦「南アジア―インドのフードシステム」堀口健治・下渡敏治編集『世界のフードシステム』農林統計協会、2005年、pp.97-111。
15）USDA, ERS, Indian Agricultural Trade.
16）PUNJAB SINGH, Agriculture Policy, GOVERNMENT OF INDIA, VISION 2020, 2007, pp.205-206.
17）同上書、pp.203-205。
18）Asok Gulati, Accelerating Agriculture Growth, Shankar Accharya, Rakesh Mohan edited, *INDIA'S ECONOMY*, OXFORD UNIVERSITY PRESS, 2010, pp.234-235.
19）経済成長と農産物価格の相互関係については、MUNISH ALAGH, *AGRICULTURAL PRICES IN A CHANGING ECONOMY*, ACADEMIC FOUNDATION, NEW DELHI, 2011に詳しい。

第2章

インドのマクロ経済と中所得国の罠

上原　秀樹

1．はじめに──「中所得国の罠」論争

　アジア開発銀行の報告書「Asia 2050：Realizing the Asian Century」が2011年に出版されて以来、そこで議論された持続的な経済発展の可能性におけるキーワード「中所得国の罠」が注目されるようになった。この報告書では、「中所得国の罠」は "Middle Income Trap" と表現されている。端的に表現すると、「罠」とは、ある中所得国が持つ豊富な資源に過度に依存した成長または低賃金および低資本コストに依存した経済成長から脱皮し、技術革新と全要素生産性を重視したマクロ経済の成長モデルに転換し移行できないことで、経済規模が中所得国の域を出ることができなくなることを意味する。その結果として、中所得国が先進国の仲間入りを果たせなくなる状態を表す（Asian Development Bank, 2011, p34）。

　以上の背景については、後に詳しく述べるとして、BRICsの一員であるインドと中国が中所得国から先進国に仲間入りすることができるか否か、持続的発展に必要な民主主義の普遍的価値を求めながら、いかなる経済的・構造的そして制度的条件をクリアーすれば、この罠から解放され、先進国への仲間入りが可能になるか、等の議論が活発化してきているのである。当然専門家の間でも賛否両論が存在する。ゴールドマンサックス・レポートによる2003年の報告書でBRICsの台頭が紹介されて以来、10年以上の歳月が過ぎ、インドと中国は高いGDPの実質成長率を維持してきた。しかし数年前から成長率に陰りが見え始めたことで、す

でに紹介したように「中所得国の罠」の論点が議論されるようになった。さらに、中所得国として位置づけられるBRICsといってもこれら巨大な人口と国土面積を持つ4大国は、経済発展パターンが同一ではなく、多様な経済・政治体制を維持している。

　以上のようなマクロ経済の動向とグローバル化は、農業および食料・食品産業分野の動向にも影響を与える。例えば、インフレと失業・雇用問題は所得変動を介してフードシステムの食料消費と食品市場に影響を与える。所得増と都市化・工業化の進展は、都市部における食料消費パターンに影響を与え、都市部のサービスセクターと製造業セクターは農村人口を吸収する受け皿としての役割を果たすことで農業・農村の人口・労働力に変化をもたらす。もちろん農業生産性の変動は食料価格に影響を与えるだけでなく、製造業部門の賃金および資本蓄積にも影響する。さらに、マクロ金融市場とその金利政策は、農村金融と農業投資・生産の動向にも影響を与えるが、2国間・多国間交渉の場における関税の引き下げと補助金カット等は国際貿易と投資政策に変化をもたらし、農業の交易条件の変化とフードシステムの食料・食品産業の市場に影響を与える。

　そこで本稿では、「中所得国の罠」の論点を踏まえながら、インドの経済発展およびマクロ経済の動向とその特徴を整理し、この国のフードシステムと農業部門のマクロ経済における位置づけを明らかにしその課題を整理したい。本稿ではインドのマクロ経済の特徴と中所得国としての立ち位置を明確にするために、同じアジアのBRICsの一員である中国と比較分析する手法を採用する。

2．インドのマクロ経済と経済発展の特徴—中国と比較して

　インドは、中国に遅れること10数年後に閉鎖的で社会主義的な政策が強かった独立後の体制を改めて、IMFと世界銀行の構造調整計画を受け入れた。その結果、1991年以降に自由化と規制緩和を進展させたことで、過去10年間のGDP成長率は平均で8％前後を達成している。しかし、2010年以降は中央銀行による高金利政策で投資を中心に内需が落ち込み、緩やかな下降傾向の成長率を示している。

第2章　インドのマクロ経済と中所得国の罠

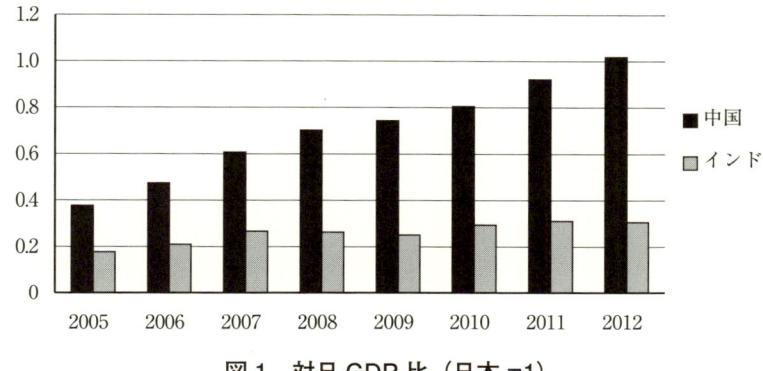

図1　対日GDP比（日本=1）

出典：IMFより作成

このことは後に詳しく述べるが、2012年にはGDPの実質成長率が4％程度に落ち込んでいる。さらに2013年の動向として、第1次四半期においては、GDP成長率は4.5％前後であり、輸入、輸出ともに落ち込んでおり、インドの経済成長にも陰りが見え始めている。

　対する中国は、これまで驚異的なGDPの成長率を遂げ、改革開放から40年を経て2012年に日本のGDPを抜いている（**図1**参照）。ゴールドマンサックス・レポート（Purushothaman, Roopa and Wilson, Dominic, 2003）が予測した2015年よりも3年も早くアメリカに次ぐ世界第二位の「GDP大国」になった。その背景には日本の景気後退も一因となっているが、ゴールドマンサックスも特に先進国への負の影響が強かった2008年のリーマンショックと2011年に発生した東北大震災による日本のGDPの落ち込みを予測できなかったのであろう。中国は外貨準備高の保有額に関しても、日本の保有額を2006年に超え、世界第1位の大国になった（**図2**参照）。中国はこの豊富な外貨資金を背景として、急増する国内の需要を満たすために、世界の資源国から膨大な食料と鉱物資源等を輸入しているのである。

　それに対し、インドは、外貨保有額が2007年以降ほとんど変化していない状態で、日本との差が縮小するどころか、拡大しつつある（**図2**参照）。これは、イ

第Ⅰ部　インド経済の変容とフードシステム

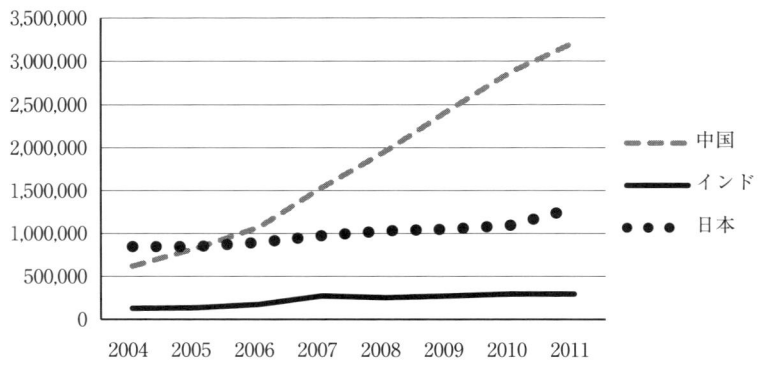

図2　外貨準備高の推移（百万米ドル）

出典：ADBより作成

ンドが中国と違い、工業部門の生産と発展が国内の需要に十分に対応できていないからであろう。最終財と中間財および製造業の部品の輸入依存度が高く、製造業の輸出競争力も弱い。例えば、International Trade Center（UNCTAD）が公表している顕示的比較優位（2011年度のRCA）指数で製造業が輸出競争力を持つ財（特にRCA指数が2以上）を捉えてみると、繊維類、綿、加工食品用原料などの付加価値の低い軽工業の財が大きな比重を占めている。付加価値の高い製造業、例えば、自動車、電子部品産業などの比較優位指数は低くその多くが1以下である。Lafay指数においても同様な傾向がみられる。つまり輸出部門の外貨獲得力は弱い。加えてインド国民の装飾用金加工品に対する所得弾力性は極めて高く世界最大の金消費国で輸入大国でもある。以上の結果、貿易収支は赤字を計上し続けている。特に、中国との貿易収支が悪化の傾向を示しており、両国間における紛争の種の一つの原因となっている。要するに、自由化の初期段階から世界に冠たるICTサービス産業に資本資源の傾斜配分を優先させた産業政策（のちに述べるSTPI：Software Technology Parks of India）をもってしても人口大国の経常収支のバランスを図ることは困難であることを表している。継続する貿易収支の悪化は、2011年の第3四半期以降からルピーの為替レートを下落させてきており、その結果、国内の食料市場における食料価格の上昇圧力をもたらすこと

表1　産業別GDPの推移

(単位：%)

		1990	1995	2000	2005	2011
インド	農業	29.3	26.5	23.4	18.8	17.2
	工業	26.9	27.8	26.2	28.1	26.4
	サービス業	43.8	45.7	50.5	53.1	56.4
中国	農業	27.1	20.0	15.1	12.1	10.1
	工業	41.3	47.2	45.9	47.4	46.8
	サービス業	31.5	32.9	39.0	40.5	43.1

出典：ADB Key Indicators, 2012.

になってしまっている。

　そこで、以下ではインドの産業別GDPの推移を中国と比較しながら、産業活動における付加価値の相対的な規模の特徴を捉えてみよう。**表1**は、各産業が生み出す付加価値のGDP比の推移を表したものである。1990年において、インドのサービス産業のGDP比が43.8％で、その20年後の中国の2011年度におけるサービス産業とほぼ同じ値を示している。つまりインドでは20年前にすでにサービス産業がマクロ経済では重要な位置づけにあり、その後もGDP比を安定的に伸ばし2011年には56.4％という高い比率を達成している。

　ペティー・クラークの法則に従うと、一般的には中所得国は先進国または成熟社会に向けて、農業部門から工業部門へ、そして工業部門からサービス部門への産業発展の比重が移行し、付加価値だけでなく、就労人口においてもサービス業の比重が高くなるはずである。しかし、**表1**が示すのは、下位の中所得国として位置づけられるインドがこの法則に当てはまらないということだ。インドの工業部門のGDP比は、1990年から2011年にかけてほぼ横ばいか、若干減少傾向にあるようにみえる。要するに、インドを中所得国として位置づけた場合、工業部門の成長が弱くその脆弱さが現れていると言えよう。インドの2011年における農業部門のGDP比も17.2％で、これは中国の90年代後半の数値とほぼ同じレベルである。このように、インドと中国はマクロ経済の三面等価の原則でとらえた生産面の付加価値の構造では大きな違いがある。

　さらに、産業別就労者の比率で産業構造の特徴を捉えてみよう。**表2**を**表1**と比較すると、インド農業の生産性の課題が見えてくる。中国の農業就労者数の比

第Ⅰ部　インド経済の変容とフードシステム

表2　産業別就労者の比率

		1990	2000	2005	2010
インド	農業	63.9	59.9	56.1	53.1
	工業	16.3	16.3	18.8	21.5
	サービス業	19.6	23.7	25.1	25.4
中国	農業	60.1	50.0	44.8	36.7
	工業	21.4	22.5	23.8	28.7
	サービス業	18.5	27.5	31.4	34.6

出典：表1と同じ。
注：インドの1990年は1988年データ、2010年は2009年データによる。

率が1990年から2010年までの20年間に38％の減少率を示しているのに対し、インドの減少率はその半分以下の17％にとどまっている。したがって、国内総生産において、表2で示した膨大な数の農業従事者（対全産業比率53.1％）は国内付加価値のわずか17.2％（表1）を生み出しているにすぎない。

　アーサー・ルイスが二重経済発展論で展開したように、農村が抱える豊富な人口はむしろ成長のための潜在的な労働資源としてとらえ、この豊富な労働力を農業部門から工業部門へとスムーズに移動・活用させることで経済成長の源泉となることが求められている。したがって、農業の生産性を上げながら農村から都市部・工業部門へと労働供給（プッシュファクター）がスムーズに進行できるように条件を整えることが求められる。例えば、インドが得意とするICTサービスを農業部門に応用することで生産性を上げ、その結果発生した農村の余剰労働者を職業訓練実施後に都市部の製造業とフードセクターで吸収し雇用することも可能であろう。一つの取り組みとして、すでに日系企業が「農業クラウド」システムの活用によって、イチゴ栽培の生産性を上げ成果を収めつつあることを紹介しておく（日本経済新聞、2013年5月11日夕刊）。以上のような取り組みが広がり農業の生産性が上がれば、農業の生産変動もさらに抑えることができ、その結果、インドのマクロ経済全体の変動を抑えることができる。

　言うまでもないが、幅広くかつ持続可能な生産性を上げるための一つの条件として、農業の生産環境および社会インフラの整備と改善が求められる。インドでは近年の所得増によって需要が増加し、その結果、食料価格が上昇する傾向にあ

表3　インド経済における農林水産業の位置づけ

	農林水産業の資本形成（実質）（全産業比%）		農林水産業の投資（実質）（GDP比%）		灌漑面積の比率%	農業人口の比率%
	民間	政府系	民間	政府系	稲作（全国）	総人口比
2004-05	7.8	6.7	1.8	0.5	54.7	50.7
2005-06	7.4	7.1	1.9	0.6	56	50.3
2006-07	6.6	7.1	1.8	0.6	56.7	49.8
2007-08	6.7	6.1	1.9	0.5	56.9	49.3
2008-09	9.4	4.8	2.4	0.5	58.7	48.8
2009-10	8.5	5.1	2.3	0.5	58	48.4
2010-11	8.5	4.5	2.3	0.4	—	47.9

出典：Directorate of Economics and Statistics, Ministry of Agriculture.
FAOSTAT Data.

る。これを背景として農家（民間）による投資は、GDP比で1.8%（2004-2005年）から2.3%（2010-2011年）にわずかながら拡大してきている（表3）。その傾向は農林水産業における民間の資本形成のデータでも読み取れる。しかし、インフラ整備には政府の役割も重要であるが、表3のデータで見る限り、国、自治体（政府系）による資本形成は、6.7%（2004-2005年）から4.5%（2010-2011年）に減少している。政府の政策的スタンスとして、このデータからはマクロ経済に占める農業の位置づけが重要視されているとは言い難い。さらに、稲作の生産性を高めるには、灌漑施設面積を広げていく必要があるが、表3における灌漑比率の上昇率は必ずしも高いとは言えない。その結果、全農作物の単収の成長率（2002-2012年の10年間）は、2.4％であり（Directorate of Economics and Statistics, Department of Agriculture and Cooperation, 2012）、GDPの成長率よりもかなり低くなっている。したがって、農業の生産性も十分に上がらず、表3で見られるように農業人口の比率が減少する幅は小さい。

　他方、都市部においては農村の巨大な労働力を吸収するためのプルファクター（労働需要）の条件を整える必要がある。都市部におけるICTサービス関連産業だけでは裾野産業が狭く、農村部の余剰労働力を吸収するには不十分であり、その役割は果たせない。したがって、広い裾野産業を持つ自動車産業等に加え、労働集約的な製造業部門のさらなる育成と発展が不可欠である（長谷川、2009-2010年および長谷川、2010年17章を参照）。すでに述べたようにインドの食品加

工とサービス部門においては、都市部におけるフードサービスおよび食品加工分野とインフォーマル・フードセクターが多くの労働者を吸収していることと、今後このフードサービスのセクターが急速に伸びる可能性が高いことから（The Economics Times, April, 2013）、これらの部門において、サプライチェーン、コールドチェーン、輸送ロジスティック等の生産から保管・流通のインフラ環境を整備しながら、サービス部門におけるレストランマネジメントの専門家を育成させることで、さらなる農村からの余剰労働力を吸収することも可能である。中所得国としては農村部にまだまだ巨大な人口を抱え、人口ボーナス指数（生産年齢人口/従属人口）が今後25年間は高まっていくであろう。このようなことから、インドは中国と異なり、「ルイスのターニングポイント」には到達していないと言える。つまり、インドはまだまだ「中所得国の罠」に陥るには早すぎる発展段階にあるということだ。

　以上で述べたように、インドは、中国でみられるような幅広い裾野産業の発展と拡大を伴った工業化が十分に進展していないことから、1991年の自由化以降、一貫して貿易収支は赤字を計上している。もちろんICT関連のサービス産業が世界でもぬきんでて発展していると言えるが、その輸出力をもってしてもインドの工業製品の恒常的な貿易赤字（**図4**を参照）を穴埋めすることは困難である。すでに高い学習能力を発揮して発展しているICT関連サービス部門が海外資本のFDIによって導入された新技術あるいは自律的に生み出した独自のICT関連イノベーションをトリクルダウン的に工業部門に応用し導入できるような「製造業クラウド」システムの制度的な取り組みが欠落しているために、これら2部門間で有機的なつながりができていないのが現状であろう。

　製造業の一つの成功事例としてマルチ・スズキが仕掛けた自動車産業を上げることができるかも知れない。さらに、インド政府による「自動車ミッション計画2006年-2016年」の優遇政策で自動車の国内生産は2012年まで拡大を続けているのは事実である。しかし果たして自動車生産に必要な部品がどれだけ国内で生産されているか、どれだけ重要な付加価値の高い部品が輸入に依存しているのか、十分にこの政策効果を検証すべきであろう。国内での部品の生産量は増えている

が、品質基準は十分ではなく、品質基準に達しない部品は輸入に依存しているという報告もある（市來圭、2012年）。その要因として、公共インフラの欠落、エネルギー不足、複雑な許認可制度等を上げることができるが、頻繁に発生する労働争議が継続していることで、持続的な裾野産業の発展を阻害し困難にしていることは否定できない。2000年から2009年までの労働争議は年平均で366回発生し、1回の争議で平均250万人の労働者が関与している（Ministry of Labour Employment, India, 2012）。つまり工場における労働争議がほぼ毎日発生していることになり、裾野産業を成長させるためには大きな課題となっている。

表4　インフレ率の推移（年間平均値）
（単位：％）

	インド	中国
2001	3.77	0.73
2002	4.31	-0.73
2003	3.81	1.13
2004	3.77	3.84
2005	4.25	1.78
2006	5.79	1.65
2007	6.39	4.82
2008	8.32	5.97
2009	10.83	-0.72
2010	12.11	3.17
2011	8.87	5.53
2012	9.3	2.62
2013	11.71	2.35

出典：inflation.eu より作成。
注：2013年は1月2月3月の平均値。

　このようなインドにおける工業部門の経営課題は、国内の物価の動向にも影響を与えている。ICT関連サービス業とその他サービス業の急速な発展がもたらした所得増によって国内需要が増加しているが、これに十分にこたえることができないのがエネルギー部門と製造業を中心とした生産・供給の分野である。その結果、インドではインフレ率が特に2005年以降に急上昇している。これは社会不安につながるが、事実インドでは物価上昇に反発する市民活動が頻繁に起こっている（上原、2011年）。物価上昇率が10％を超えると、総選挙で政権交代が起こり政権を握る政党に打撃を与えることになるという（金子・佐藤、1998年）ことから、政策担当者にとって、物価の変動に対しては極めてセンシティブに対応することになる。

　表4では2001年から2013年の3月までのインフレ率の推移を表した。この表からは、中国政府が財政・金融政策を駆使してインフレをコントロールしている印象を持つのに対し、インド政府と連邦中央銀行はインフレ対策の舵取りにてこず

っているように見える。インド連邦中央銀行によるデータ（inflation.eu HP）では、インフレを抑えるために、その政策金利が2006年の第3四半期（6.5％）から徐々に上昇し、2008年の第3四半期には9％台に達している。その後はリーマンショックの国内景気への影響もあり、金利が徐々に低下し、2010年の第1四半期には4.75％まで低下した。しかし**表4**でみられるように、2010年にはインフレ率が12％台に急上昇したため、政策金利を再び上昇させる局面に入り、2013年3月の時点では、それが7.5％になっている。しかし、それでも高いインフレ率（2013年第1四半期の11.7％台）が収まる気配はない。

3．インドの経済成長率とマクロ需要の動向

　工業部門の持続的な発展の可能性に関し、すでに自動車産業の潜在的な可能性の例を挙げたが、もう一つの可能性のある産業としては、国内の豊富な労働力を活用しながら海外直接投資の受け入れ拡大も対象としたEMS（電子機器受託生産）の導入であろう。そのためには、エネルギーに加え、工業用水の開発と交通網の整備を含むインフラへの投資がインドにおける工業化の発展には必須条件となる。これを後押しする可能性のあるニュースとして、インド西部地域の「デリー・ムンバイ間産業大動脈」構想（日本経済新聞2011年11月14日）の浮上が指摘できる。日本とインド政府間で1兆2千億円の海外直接投資を実施する合意が成立した。このような南北間の大動脈の建設によってインド地域間の結びつきの軟弱性が解消でき、規模の経済性も生かされることから、以上のような工業化の発展に向けて、一歩前進したと言えよう。

　中国が改革開放から40年かけて日本のGDP規模を捉えたように、はたしてインドは、ゴールドマンサックス・レポートが予測したように、2030年代後半までに中国に次ぐ世界第三位の「GDP大国」になりうるであろうか。言うまでもないが、インドと日本のGDP成長率を決定するパラメーターがゴールドマンサックスの予測モデル内でどのように仮定されるかによって様子が変わってくるが、これまでのところ、インドは彼らが予測したよりも高いGDPの成長率の実績を

第2章　インドのマクロ経済と中所得国の罠

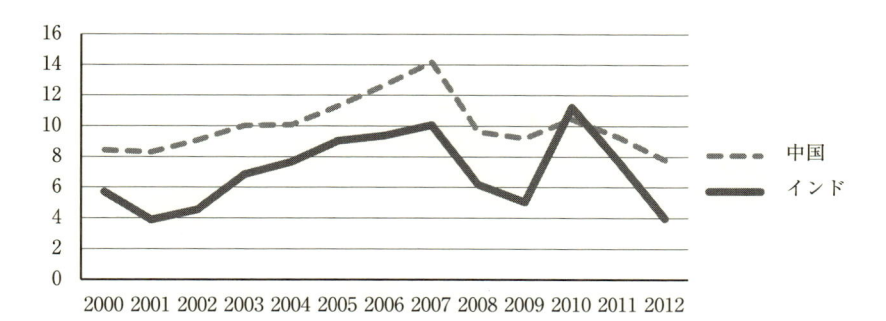

図3　GDP成長率の推移（実質、%）

出典：IMFより作成

残してきた（**図3**）。過去10年の傾向がそのまま継続すれば、確かにゴールドマンサックス・レポートが予測するように、インドは、2030年代後半に日本のGDPを追い越し、世界第3位のGDP大国として台頭するかもしれない。

しかし、これに関し、いくつかの疑問を提示することができる。その一つとして、**図1**における2007年以降のインドと日本を比較したGDP比の推移がほとんど変化していない事実（0.25-0.31の範囲内で変化している）が参考になる。つまり、ゴールドマンサックスの予測モデルで想定された日本のTFP（全要素生産性）がアベノミクスの3本の矢の政策成果いかんでは今後10年間に上昇する可能性は否定できないし、今後のTPP交渉における構造的・制度的な変革の進展具合によっては、規模の経済効果で日本のGDP成長率が高まる可能性は否定できない。為替相場の変動によるドル表示のGDP値の変化等他にもいくつかの不確定要素を挙げることができるが、まずは、経済「大国」の定義として問われるGDPの水準と国民の生活水準の関係を中国と比較しながら述べておきたい。

さて本論では、あえて「経済大国」ではなく、「GDP大国」と表記した。繰り返すことになるが、「経済大国」と表現した場合は、もちろんGDPでみる産業の付加価値の生産総額だけでなく、経済成長によってもたらされる豊富な財源と資金を、社会インフラの整備、出身戸籍で差別することなく保健医療、教育等に平等にかつ積極的に投与していることが条件である。さらに表現の自由と政治的選

第Ⅰ部　インド経済の変容とフードシステム

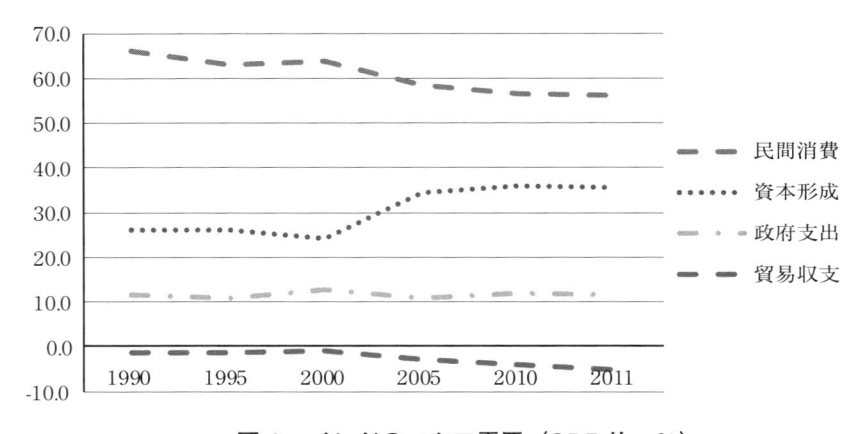

図4　インドのマクロ需要（GDP比、%）

出典：ADB Key Indicators から推計

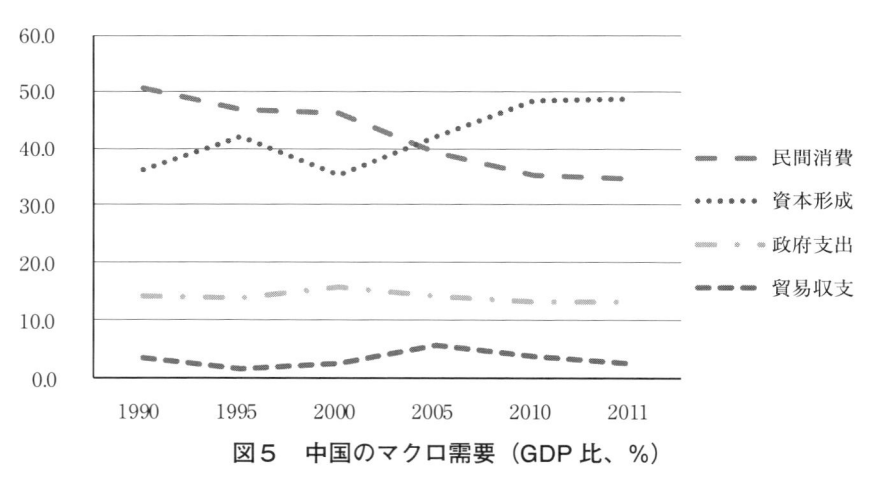

図5　中国のマクロ需要（GDP比、%）

出典：ADB Key Indicators, 2012 から推計

択の自由度が高く、市場・法制度の確立を整えながら民主化を進めることができ、極端な経済格差を生み出すことなく国民の一人当たり所得と生活水準を向上させている意味合いが強い。

　図4と図5では、マクロ経済における三面等価の原則の「需要」側面のデータを示した。両国は政府支出の割合でほぼ一致しているが、インドと中国の需要側

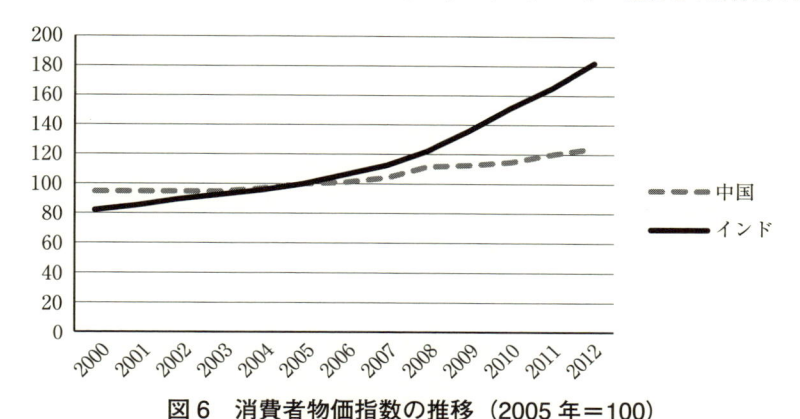

第2章　インドのマクロ経済と中所得国の罠

図6　消費者物価指数の推移（2005年＝100）
出典：Economic Research Service, USDA

図7　財政収支（％、GDP比）
出典：ADB Key Indicators, 2012

面における違いとしては、すでに述べたように、インドが貿易赤字の傾向を拡大させつつあるのとは対照的に、中国は世界一の貿易黒字国になっていることを上げることができる。その背景には、製造業の輸出競争力を育成してきた中国がこの豊富な外貨資金で海外からエネルギーと食料の原料資源を輸入調達することで、国内の消費者物価指数（**図6**）を抑えることに成功しているのに対し、インドの製造業は脆弱で競争力がないことから慢性的な貿易赤字を計上することになり、その結果2000年代後半から急増する国内の消費者需要に対し、外貨不足で対応できていないことが上げられる。以上の問題に加え、インドは慢性的な財政赤字に直面している。**図7**から観察できるように、インドの財政赤字のGDP比は2001

年の第2の自由化以降2007年までは縮小傾向にあったが、リーマンショック以降は拡大傾向にあるようだ。GDP比でみた中国の財政赤字の平均値が－1％前後で推移しているのに対し、インドの財政赤字の規模は－5％前後で推移している。

このように、インドは財政と貿易に関する深刻な双子の赤字に直面し、農業インフラと製造業の発展拡大のための財政出動も容易ではないことがわかる。広大な国土面積と巨大な人口を抱え地方間に政策的な相違点が存在するとはいえ、特定産業をターゲットにした傾斜配分方式の財政支出を強力に進めるとともにODAを含む国際的な支援が求められる背景がここにある。

次のインドと中国間の相違点としては、インドにおける国内資本形成すなわち投資の比率が2005年以降に上昇しているが、それでも35％台であるのに対し民間消費は60％近くの高台を維持している（図4）。それに対し、中国の投資比率は内陸と西部大開発政策及び東北地域振興政策の推進もありGDP比50％台近くまで上昇し、民間消費のGDP比は35％程度で低迷していることである（図5）。つまりインドにおいては相対的には民間消費の比率が高く需要牽引型のマクロ経済の特徴を示しているが、中国では政府主導の投資牽引型のマクロ経済の特徴を示していて、このことが両国の大きな相違点であるといえよう。従って、中国の場合は過剰投資のマクロ経済への影響が懸念されるのに対し、インドではインフレが懸念される。

4．インドの海外部門とICT関連サービス部門

日本においては、これまで、インドの宗教、哲学、社会・文明論に関する研究と書物は多いが、経済専門家によるマクロ経済を掘り下げて分析した研究書は少ないといわれる（佐藤、2009年）。その理由の一つに、冒頭で紹介したように、インド経済が世界的に台頭し高い経済成長率で注目されるようになったのは、2000年代に入ってからであり、中国よりも遅れて注目されるようになったことを上げることができる。日本においては、貿易・投資の分野で経済的結びつきと人的交流が活発であった中国との動向とは対照的に、日本とインド間は、これらの

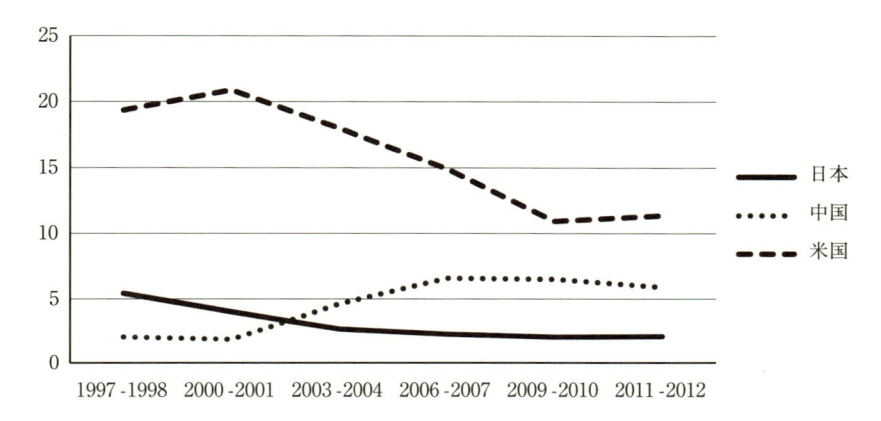

図8 インドの輸出相手国（輸出額：世界比％）
出典：Department of Commerce, India から作成

要素が弱く、むしろ相対的にもその比重が低下しつつあるのが現状である。独立行政法人日本学生支援機構によると、2011年度の国別比率ではインドからの留学生が0.4％のみであったのに対し、中国からの留学生比率は63.4％であった。

　さらに具体的な例として、インドの輸出相手国としての日本の重要性は低下しつつあることを上げることができる（図8参照）。インドの輸入部門に関しても日本からの輸入比率は基本的には図8と同じで低下する傾向にある。日本による海外直接投資に関しても中国に対しては2011年まで逓増しているのに対し、インドへの投資は2002年以降に第2の自由化が実施されたにもかかわらず、低迷している（図9参照）。JETRO（2013）のサーベイによると、インドに対する海外直接投資が増加しない理由として、日系企業はインド国内のインフラ問題を最大の要因として挙げている。近年自由化を開始したばかりのミャンマーにおけるインフラ問題とあまり大差ないリスク要因として日本企業の投資家は捉えている。次に、インドにおける法制度とそれらを商取引時に順守するか否かの姿勢に関しても日系企業は高いリスクを設定している（ただし、中国と比較するとこのリスク要因はかなり低い）。以上述べたことを背景に、日本においてはインド経済の動向に対し、国民の注目度が低くあまり強い関心を持って見守っているとは言えな

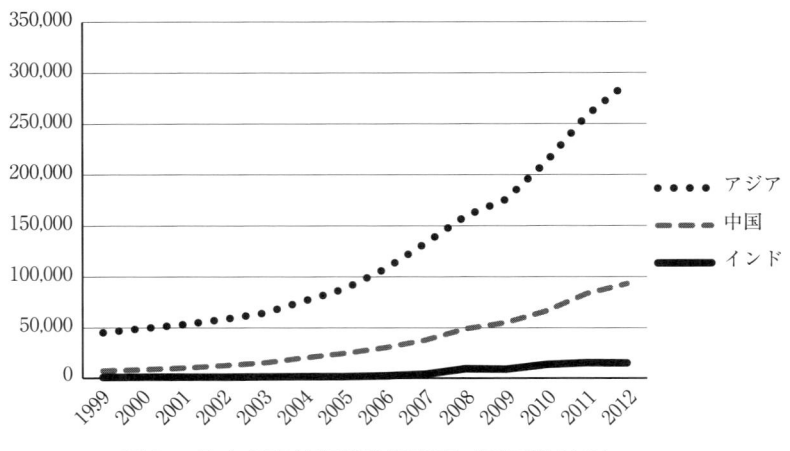

図9　日本の海外直接投資残高（百万米ドル）

出典：JETRO

い。

　世界における注目度が高まった背景として、多くの文献が指摘するように、インドはいわゆる言語力を生かしたコールセンターとIT関連産業の基地として注目されるようになったことが上げられる（二階堂、2009年）。ITに関する「研究開発と技術サービス」およびIT応用サービス業（ITES：財務会計サービスとコールセンター等を含む）は、海外との取引が主体となって開始したことから、輸出産業として位置づけられる（財団法人　大阪国際経済振興センター2008年）。これらは、必ずしも国内で縦横に走る近代的な道路交通網が大規模に整備されていなくとも、インド南西部のゴア、ムンバイとか南部のバンガロールまたはチェンナイのような大都市または限定された地域内でインフラ整備されたインド連邦政府管理下のSTPI（Ministry of Communications and Information Technology, Government of India参照）の工業団地でその展開と発展は可能である。

　このようなインフラの整備と制度的に優遇された条件を求めて2000年代の半ばころから、印僑（NRI：None Residential Indian）を含めた海外資本による直接投資の流入が急速に増えてきた。これを捉えたのが**図10**と**図11**である。**図10**では、FDIの累積額（stock）が2006年以降にはそれ以前と比べて急速に伸びているの

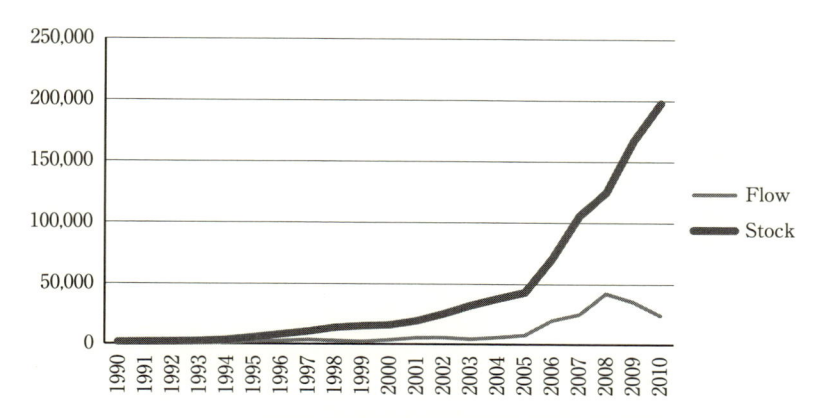

第2章　インドのマクロ経済と中所得国の罠

図10　インドの海外直接投資：受入額と累積額（百万ドル）
出典：UNCTADSTAT

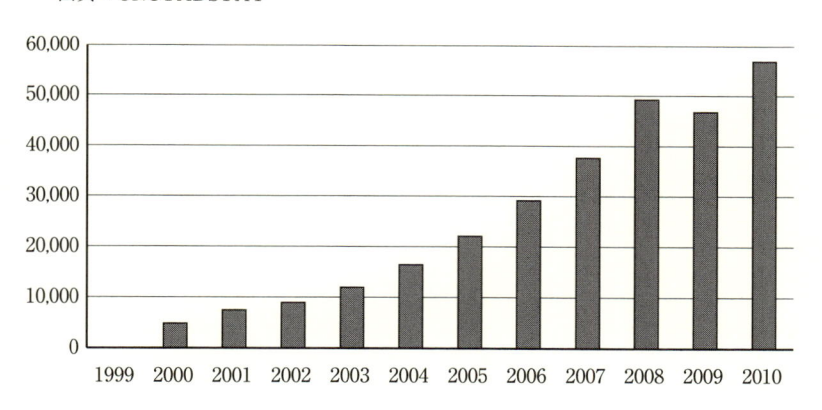

図11　ICT関連サービスと知的所有権・ライセンス契約による収入（百万米ドル）
出典：UNCTADより作成

がわかる。リーマンショックの世界的金融不況の影響を受けた2009年を除いて、ICT関連サービスからの収入が逓増しており、驚異的な伸びを示していることから（**図11**）、海外直接投資がこの分野に大きな発展の機会をもたらしたことは事実である。さらに、印僑との合弁による海外資本の多くは、モーリシャスを経由してインドに流入していると思われる。印僑を優遇するインド政府の投資政策が

その流れを生み出していることは否定できないであろう（Tiwari, 2012）。

　インド政府の投資政策としては、80年代までの輸入代替的な内向きの政策を改め、1991年にSTPIによる外資誘致政策を含め自由化の第一歩を踏み出した。ただし、STPIが対象とした分野はわずか35の産業に限られていた。それだけでなく海外資本比率も51％までに限定されていたこともあり、海外からの直接投資が思うようには伸びていない。そこで、2002年にはさらなる規制緩和策が打ち出され、エネルギー、公共財的な施設、賭博、国家安全保障上等の「ネガティブ・リスト」にかかわる分野を除き、多くの産業分野で海外資本比率100％での投資が可能となった（Reserve Bank of India HP）。このことが功を奏して、流入した海外直接投資額とその累積額が2005年以降に急速に伸び始めている（図10）。その結果、海外直接投資の流入と連動して、インドの総輸出額も2005年から急増してきている。

　以上の投資と貿易政策の変化およびそれに伴う成果の議論を踏まえると、以下のようにインドの経済発展志向の変容が指摘できるであろう。すなわち、独立から80年代後半までは、国内規制を伴った輸入代替的発展の政策的志向が強かったが、1991年からはグローバル化の波と他のBRICsを含む新興諸国のダイナミックな経済発展に刺激され、それまでの政策を改め、国内外を対象とした自由化に向けた政策の導入へと舵を取り始めた。ただし、1991年の自由化は、国内の自由化の進展・浸透を重視した時期であり、輸出志向型へと完全に舵を切る前の準備・助走の段階であったと思われる。その後のインド政府による2002年の大胆な投資に関する規制緩和は、輸出志向型発展を再重要視した政策への移行を意思表示したものと理解できる。

　Tiwari（2012年）の研究は、これを裏付ける内容となっている。彼の研究では、1980-2010年間における輸出（従属変数）と海外直接投資（FDI）および為替レート（以上は独立変数）で重回帰分析を行っているが、輸出構造が1980-2001年の期間と2002-2010年の期間では大きく異なることを明らかにしている。つまり、両期間において定数項が大きく異なるだけでなく、輸出に影響を及ぼすFDIの係数も大きく異なる。FDIの係数は、1980-2010年の期間で0.26であるのに対し、後

半の2002-2010年の期間では0.69となっており、この二つの期間では推計結果に大きな違いがあることを論じている。

ところで、Tiwari（2012年）が使用した為替レートの係数は、前半の期間（1980-2010年）と後半の期間（2002-2010年）ともに0.42である。このことから判断すると、前半の期間ではFDIよりも為替レートの変動が輸出に大きく影響し、後半の輸出志向型発展の期間（2002-2010年）においては為替レートではなくFDIが輸出に大きな影響を与えていることになる。先に述べたように、1991年の自由化は、IMFと世界銀行の要請で始まった自由化であり、インドが自主的・主体的に実施したとは言い難い。これに対し、2002年からのさらなる自由化においては、インド政府が資本自由化・変動相場制度・自律的な金融政策の整合的なマクロ政策を採用した（佐藤、2009年）ことと民間の自主性が大きく功を奏して、インド経済が大きく変化し始めたことを示している。

以上のように、マクロ経済が輸入代替的発展から輸出志向型の発展志向に変化する中で、農産物の市場は、いかなる影響を受けるのであろうか。今後工業化と都市化がさらなる進展を遂げるとすれば、農耕地面積は伸び悩むであろうし、主食であるコメ、小麦等の穀物生産用に振り向けられる耕地面積の拡大余地は見込めない。したがって、生産性の向上と付加価値の高い農産物に特化した食料輸出市場の開拓が求められる。例えば、近年高級米としてのバスマティの輸出拡大がみられるが、最低輸出価格の導入を伴うこのような政府の戦略は、水田面積の拡大を必要としないだけでなく高収入につながることから、他の作物でも考慮すべき戦略である。

5．インドの格差問題と地域主義の弊害

中国が改革開放当初、沿海都市部を優遇した資源と財政の傾斜配分政策に加え農民に対する差別的な戸籍管理制度の手法で意図的に作られた「沿海都市部と農村内陸部の格差」に対し、インドにおいては、階層内の熾烈な競争と自由放任主義によって「各州間の所得格差」が拡大し、「都市部と農村間の地域間格差」も

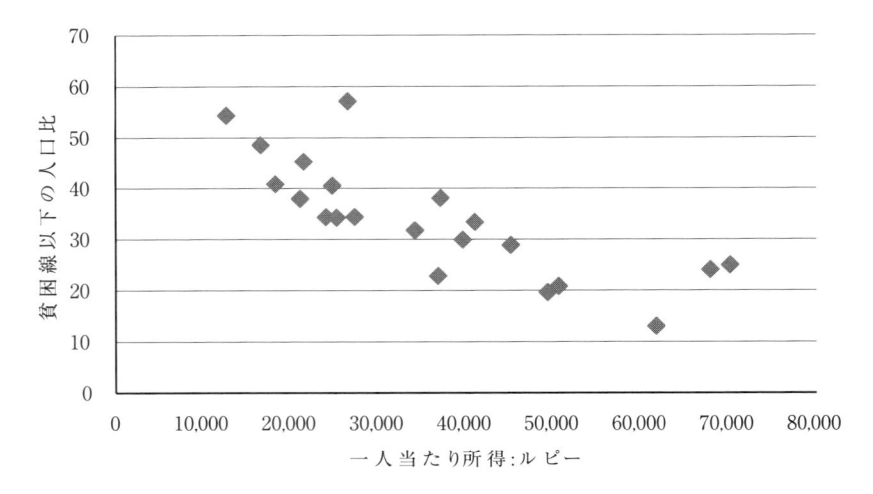

第Ⅰ部　インド経済の変容とフードシステム

図12　州別一人当たり所得と貧困率の相関図（21州）

出典:Statistical Outlines of India より作成

高まった。中国と違い、インドにおいては貧困ラインに位置する割合をみると、都市・農村格差よりも州間の格差が激しい（州内における農村・都市間格差よりも、州間の農村格差および都市格差が激しい）。例えば、図12はインドの21州を対象とした一人当たり所得と貧困線以下の人口比の相関図を示したが、所得レベルの低い州ほど貧困ライン以下の人口比が高いことがわかる。加えて、下位に位置する州の一人当たり所得は上位州の所得の30％にも満たないレベルで、州間の所得格差が激しいことがわかる。

　他方では、インドでは近年ジェンダー間の格差の課題が頻繁に取り上げられるようになった。インドのジェンダー問題で頻繁に取り上げられるのが男女間の賃金格差である。フォーマルセクターにおける男女間の賃金格差の動向として、低賃金層ほど男女間の賃金格差は拡大してきていることが知られている（Khanna, Shantanu, 2012）。さらに、フォーマルセクターよりもインフォーマルセクターにおける男女間の賃金格差が激しい（Klaus Deininger, Songqing Jin, and Hari Nagarajan, 2013）。特に農業部門における男女間の賃金格差は非農業部門の賃金

第2章　インドのマクロ経済と中所得国の罠

格差よりも大きい。女性酪農組合の事例（中里亜夫、2001年）で指摘されているように、農業における女性の役割が大きいことから、農業の生産性を高めるための課題として、制度的な側面からの対応が手薄となっている女性の社会的地位の改善があげられる。

　以上の所得格差だけでなく、インドにおいては、多くの社会的側面で州ごとの違いが目立つ。それゆえ、佐藤（2012）は、インド経済を評価・規定するのは困難を伴うと強調しているし、絵所（2002）もインド経済を「まだら模様」と表現している。BRICsの一翼を担うGDP大国中国の経済も一括りでは表現できないが、それ以上に困難なのがインドである。その理由の一つに「地域主義」の存在が指摘できる。州によっては言語、人種、しきたり、食文化、伝統文化が異なり多様である。インド全体を一つの国としてまとめることのむつかしさ、それは、言語一つをとっても、これがインドの言語だとするのは困難である。例えば、中国も地理的に国土面積が広大で、一つの国として特徴を挙げることは困難だとされる。しかし、中国のインドと異なるところは、発音が異なっても一つの共通の意味を持つ象形文字としての「漢字」によって共通のルールと制度的な基準の統一を図ることが可能であり、中華思想という文化的に共通の土壌を形成している。ところが、インドは、一つの言語で統一的社会を形成しているとは言い難い。インドの言語はインドヨーロッパ語に属し、象形文字でないことから、文字による意思の疎通と情報の伝達は困難である。インド政府によると、地域または州ごとに、ヒンズー語（Hindi）、タミール語（Tamil）、ベンガル語（Bengal）、プンジャブ語（Punjabi）などの代表的な言語が存在し、それ以外にも8つの言語が特定の州で使用されている。それゆえに、公共の場における要人の発言は、英語によるものが多い。

6．おわりに―経済大国を目指すインドのもう一つの課題

　本稿の冒頭と第3節では「GDP大国」と「経済大国」を区別して表現した。そこでは、ある国の中央政権がGDPの成長から得られた豊富な財源を、先に示し

たような近代化を目指した社会福祉のインフラと法治国家としての道筋に積極的にかつ優先的に投資しているとは言い難い開発独裁的な「人治国家」を維持・継続することを否定しないのが「GDP大国」と仮定した。もちろん一人当たりのGDPが高くとも、必ずしも生活水準の諸要素が高くなるとは言えない。例えば、A. Sen（2011）が論じているように、インドよりも一人当たりGDPは低いが（インドの50％程度）、教育・識字率の水準、医療保険と寿命等の指数で示した生活水準の高いバングラデシュのような国も存在する。ただし、インドは中国で実施されている硬直的な戸籍制度とは異なり医療・福祉の保証を伴う移住が可能である。少数精鋭のインド行政職（IAS：Indian Administrative Service）の高級官僚制度を導入した背景からも理解できるように世界最大の民主主義国家であり、相対的に自由度が高いと言える。

　多くの専門家が語るように中国が自国内でイノベーションを向上させる土壌が構築されているとしても「体制移行の罠」（関志雄、2013年）に陥る可能性は否定できない。その大きな要因となっているのが一党独裁的な体制である。それに対しインドは、A. Sen（2011）が持論を展開しているように、政治的自由度と情報発信および表現の自由度が中国よりも格段に高い。もちろん中国と同様に民主化を阻害する腐敗の蔓延に加え、インドの特に農村・農業部門における所得格差とジェンダー差別はそう簡単に解決はできないであろうが、将来の「経済大国」として求められる条件の一つである政治的自由と表現の自由をインドは堅持していると評価できる。ただしインドには、中国の政府主導による公共投資偏重の発展モデルを反面教師にして、過度にインフラ投資に依存することなしに、かつマクロ経済の量的拡大ではなく、農業技術とフードセクターの質的向上を目指す開発政策が求められる。

参考文献
市來圭（2012）「拡大するインド自動車産業にどう対応するのか」共立総合研究所調査部、8月9日。
上原秀樹（2011）「ムンバイから見たインドの近況報告」IAM Newsletter　第12号、

特定非営利法人アジア近代化研究所。
絵所秀紀編（2002）『現代南アジア2　経済自由化のゆくえ』東京大学出版会。
金子勝・佐藤宏（1998）「自由化の政治経済学（1）」『アジア経済』第39巻3号。
佐藤隆広（2012）『インド経済のマクロ分析』財務総合政策研究所、10月26日。
佐藤隆広編著（2009）『インド経済のマクロ分析』世界思想社。
財団法人　大阪国際経済振興センター（2008）「インド市場レポート―IT産業概観―」アジア・ビジネス・ジェネレーター事業、12月。
関志雄（2013）『中国　二つの罠』日本経済出版社。
独立行政法人日本学生支援機構HP：http://www.jasso.go.jp/index.html
中里亜夫（2001）「インドの農村女性の労働と家畜経済の発展に関する研究」平成11・12年度科学研究費補助金基盤研究（C）（2）研究成果報告書（課題番号11680075）。
二階堂有子（2009）「グローバル化とインドの経済自由化」武蔵大学経済学部、6月。
日本経済新聞（2012）「インドのインフラ整備に1.2兆円投資　日印首脳合意へ」2012年11月。
長谷川啓之編著（2010）『アジア経済発展論』第17章。
長谷川啓之著（2009～2010）「インドの自動車産業」アジア近代化研究所ニュースレター、アジアの政治・経済動向（1）シリーズ、2009年12月～2010年6月。
Asian Development Bank, 2011, *Asia 2050：Realizing the Asian Century*, Singapore.
ADB HP：http://www.adb.org/
Klaus Deininger, Songqing Jin, and Hari Nagarajan, 2013, "Wage Discrimination in India's Informal Labor Markets：Exploring the Impact of Caste and Gender," *Review of Development Economics*, 17（1）, 130-147.
Department of Commerce, India：http://commerce.nic.in/
Department of Agriculture and Cooperation (2012) Directorate of Economics and Statistics, 2012, Ministry of Agriculture, India. http://eands.dacnet.nic.in/
Economic Research Service, USDA：http://www.ers.usda.gov/data-products.aspx
FAOSTAT：http://faostat.fao.org/
IMF：http://www.imf.org/external/index.htm
inflation.eu.：http://www.inflation.eu/
JETRO：http://www.jetro.go.jp/indexj.html
JETRO（2013）"FY2012 Survey on the International Operations of Japanese Firms -JETRO Overseas Business Survey-", March 28, Japan External Trade Organization.
Ministry of Communications and Information Technology, Government of India, Software Technology Parks of India, URL:http://www.stpi.in

Pradhan, B.K. and M.R. Saluja (1996) "Labour Statistics in India : A Review", MARGIN, Volume 28, Number 4.

Purushothaman, Roopa and Wilson, Dominic (2003) "Dreaming with BRICs : The Path to 2050", Global Economics Paper No.99, Goldman Sachs.

Reserve Bank of India HP : URL http://www.rbi.org.in/home.aspx

Sen, Amartya (2011) "Quality of Life : India vs. China" May 12, the New York Review of Books.

Shantanu, Khanna (2012) "Gender Wage Discrimination in India : Glass Ceiling or Sticky Floor?" Working Paper No.214, Department of Economics, Delhi School of Economics.

Statistical Outlines of India, Department of Economics and Statistics, India.

Statistics of India, Department of Economics and Statistics, India : http://statisticsofindia.com/tatasoi/

The Economics Times, April, 2013, http://economictimes.indiatimes.com/

Tiwari, Shree Nath (2012) "The Contribution of Foreign Direct Investment to India's Export", 明星大学大学院経済学研究科修士論文、2月。

UNCTAD Statistics : http://unctad.org/en/Pages/Statistics.aspx

第3章

グローバリゼーションとフードシステムの
国際リンケージ
―農産品貿易と外資導入―

星野　琬恵・下渡　敏治

1．はじめに

　持続的な経済成長と経済自由化以降、インド市場の動向に世界の関心が集まっている。それはインド経済が1980年代以降、5～6％台の成長を維持し、今後も7、8％台の高い成長が見込めるからである。高成長が持続するインド市場への外国からの直接投資が増えており、それがインド経済のさらなる発展に繋がっていることも事実である。経済発展によってインドのフードシステムと諸外国のフードシステムとの相互関係にも大きな変化が生じており、農産品の輸出入や外国資本の直接投資を導入することによって海外のフードシステムとの連携・結合関係が進展している。
　本論では、インドにおける農産品貿易構造の急速な変化と流入する海外からの直接投資の実態をレビューし、インドのフードシステムとグローバル・フードシステムの連携・結合関係の課題と今後の展開方向について検討する。

2．農産品の貿易構造の変化とフードシステム

　地球規模での情報技術（IT）産業の拡大発展とともにIT産業分野の中でもとりわけソフトウエア部門に際立った優位性をもったインドの情報技術産業は瞬く

第Ⅰ部　インド経済の変容とフードシステム

間に驚異的な発展を遂げることとなった。IT産業の発展がインドの経済発展のエンジンとしての重要な役割を担ったことは周知の事実である[1]。IT産業の発展を背景に経済の高成長が持続する中で、インドのフードシステムもまた食料貿易や直接投資を通じて海外のフードシステムとの結合・連携関係を強めつつある。遡ると、インドのフードシステムは植民地時代から紅茶、コーヒー、香辛料、砂糖、果実などの農産品の供給地として英国、ヨーロッパ諸国、米国などのフードシステムと密接な関係にあった[2]。それは取りも直さず農産品の輸出によって貴重な外貨を獲得するための手段でもあった。しかし独立後のインド経済はインド政府の貿易制限や外資規制政策などの内向きで閉鎖的な経済政策によって長いトンネルの時代を経験した。こうした長い停滞の時代に終止符が打たれたのが1980年代の経済自由化以降である。ヒンドゥー成長率と呼ばれる低成長率に甘んじてきたインド経済は、1980年代以降、5％台の比較的高い経済成長を達成するようになった[3]。その背景には経済発展の足枷になってきた食料の完全自給によって食料不安が解消され農業余剰の工業への移転や農業労働力の非農業部門への移動、農民の購買力向上による国内市場の形成が進んだことがある。

　経済発展が軌道に乗った1990年代以降、インドのフードシステムと世界のフードシステムの相互関係にも新たな変化が生じている。図１は、インドにおける農産品輸出の推移を示したものである。1990年代には概ね３～５億ドルの水準で推移してきた輸出額は2000年代に入って一気に６億ドルの水準を突破し、2006/07年にはおよそ18億ドルに近い水準にまで拡大していることが判る[4]。品目別ではナッツ類、綿花、植物油脂の輸出割合が高く、穀類や果実・野菜加工品などが輸出されている。さらにフードシステムの川中に位置する食品製造業（第５章）の成長とともに、生鮮食品のみならず食品企業で製造された高付加価値の加工食品の輸出が急速に増加しており、1990年代の終わり頃には15,876兆ルピーであった輸出額は2010-11年度には４倍の63,733兆ルピー（水産食料品を除く）に達している[5]（図２）。

　IT産業などのサービス産業、繊維産業などの発展が今ほど顕著でなかった1980年代のインドでは、主たる輸出商品は米、紅茶、砂糖、香辛料、水産物など

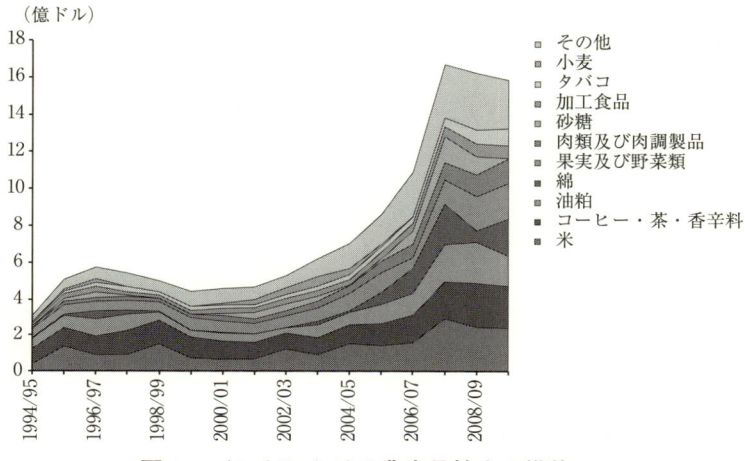

第3章　グローバリゼーションとフードシステムの国際リンケージ

(億ドル)

凡例：
- その他
- 小麦
- タバコ
- 加工食品
- 砂糖
- 肉類及び肉調製品
- 果実及び野菜類
- 綿
- 油粕
- コーヒー・茶・香辛料
- 米

図1　インドにおける農産品輸出の推移

出所：USDA, Economic Research Service using data from Reserve Bank of India; and Government of India, Ministry of Finance, Economic Survey.

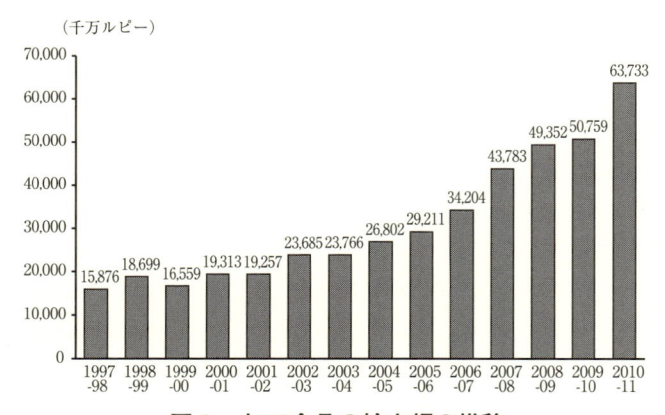

(千万ルピー)

年度	金額
1997-98	15,876
1998-99	18,699
1999-00	16,559
2000-01	19,313
2001-02	19,257
2002-03	23,685
2003-04	23,766
2004-05	26,802
2005-06	29,211
2006-07	34,204
2007-08	43,783
2008-09	49,352
2009-10	50,759
2010-11	63,733

図2　加工食品の輸出額の推移

出所：DGCIS.

の農産品、一次産品であった。その後、IT産業が大きく躍進した結果高い経済成長を達成した。1990年代以降になると輸出の主役は豊富で低廉な労働力を活用した繊維および繊維製品、旅行、ITサービス部門に移行し、全輸出に占める農産品のシェアは16%に低下した（**図3**）[6]。**表1**に示すように、それと並行して、

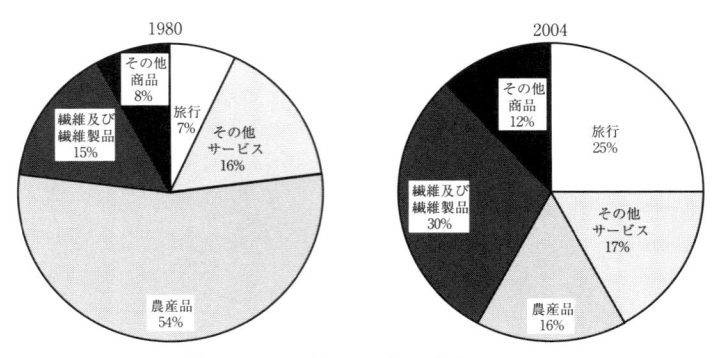

第Ⅰ部　インド経済の変容とフードシステム

図3　輸出商品の輸出比率の変化：1980-2004

1980
- その他商品 8%
- 旅行 7%
- その他サービス 16%
- 農産品 54%
- 繊維及び繊維製品 15%

2004
- その他商品 12%
- 旅行 25%
- その他サービス 17%
- 農産品 16%
- 繊維及び繊維製品 30%

表1　一次産品・農産品の主要輸出先別シェア・成長率

	シェア（%）					CAGR 2000-01 to 2007-08	成長率（%）			
	2000-01	2008-09	2009-10	2009-10 (4-9)	2010-11 (4-9)		2008-09	2009-10	2009-10 (4-9)	2010-11 (4-9)
一次産品										
世界	16.0	13.9	14.9	13.4	12.7	19.7	1.7	3.8	-27.8	23.2
アメリカ	9.4	7.2	6.8	7.0	7.7	7.9	2.9	-13.5	-27.4	42.6
EU	13.1	8.4	8.6	9.0	8.5	12.7	1.7	-5.7	-23.5	15.8
その他	19.8	16.7	18.0	15.7	14.5	22.8	1.6	6.6	-28.5	23.0
農産品										
世界	14.0	9.6	10.0	9.3	8.5	14.6	9.7	1.1	-28.4	18.7
アメリカ	9.0	6.0	5.8	5.9	6.6	4.4	13.1	-12.1	-25.9	45.1
EU	11.9	6.9	7.1	7.4	7.1	10.6	6.6	-6.4	-23.5	17.1
その他	16.8	11.0	11.6	10.4	9.1	17.1	10.0	3.8	-29.5	16.6

資料：International Trade, Economic Survey 2010-11m, Table7-7 より作成。

木材や石炭などの一次産品の世界市場での輸出シェアは2000-01年の16.0％から2010-11年の12.7％へと低下し、米国への輸出が1.5ポイント、EUへの輸出が0.4ポイント低下する一方、その他の諸国向けは3.0ポイント上昇している。一次産品の世界輸出シェアが低下する中で、輸出成長率も2008年から2010年度にかけて低迷し、マイナス成長を経験したがその後回復に転じ、2010-11年度は世界全体で23.2％、アメリカ向けで42.6％、EU向けが15.8％、その他諸国向けが23.0％のプラス成長を記録している。一方、農産品輸出は2000-01から2010-11年の期間に世界全体で0.6ポイント増加しているが、対アメリカ、EU向けは減少、その他諸国は僅かに増加している。農産品の輸出成長率も2008-09年以降、減少もしくは微

第3章　グローバリゼーションとフードシステムの国際リンケージ

図4　インドにおける農産品輸入の推移

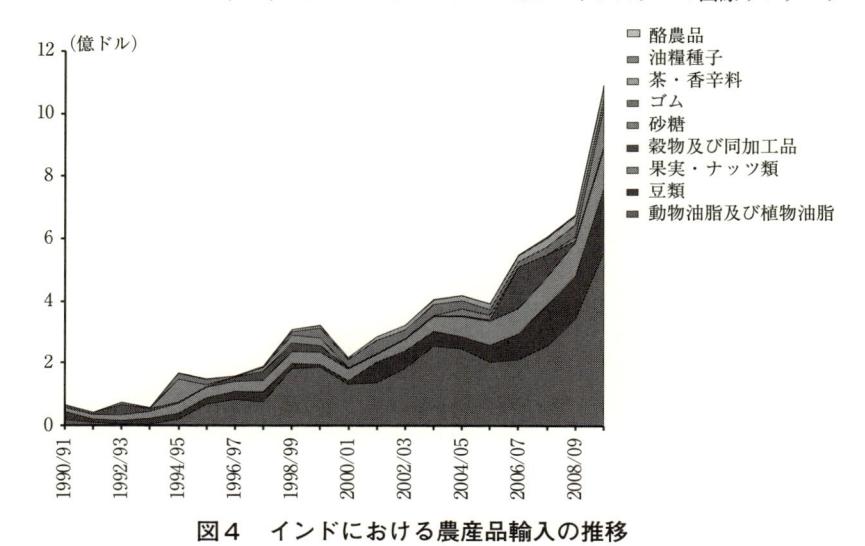

凡例：酪農品／油糧種子／茶・香辛料／ゴム／砂糖／穀物及び同加工品／果実・ナッツ類／豆類／動物油脂及び植物油脂

出所：USDA, Economic Research Service using data from Reserve Bank of India; and Government of India, Ministry of Finance, Economic Survey.

増に止まっていたが、2010-11年以降は世界全体で18.7％増加、国・地域別ではアメリカ向けが45.1％と大幅に増加し、EU向けも17.1％増加、その他諸国向けも16.6％増となり、農産品の輸出が大幅な増加に転じていることが判る[7]。

一方、インドの食料品輸入は、10年前まで海外で新たに開発された製品か一部の富裕層が求める商品に限定されていた。このため、1990年代前半まで低水準で推移してきた農産品輸入は1990年代末に3億ドルを超える水準に達し、2000年に一旦落ち込むものの、その後右肩上がりの成長に転じ、2000年代末には12億ドルと1990年代初頭の10倍の規模に達している（**図4**）。主な輸入品目は、ナッツ類、香辛料、食用油脂、米、乳製品、砂糖などであり、経済成長に伴う食料消費の高度化、多様化を反映したものとなっている。主要品目の輸入の推移を見ると、インドの食生活に欠かせない豆類が増加傾向にあること、食用油は2001-01年をピークに幾分シェアが低下しているものの安定した輸入が維持されていることがうかがえる。一方、輸入品の成長率は年変動が大きく、農産品全体では2010-11年の成長率が13.7％に達しており、穀類237.5％、豆類4.2％、食用油17.6％と、いず

第Ⅰ部　インド経済の変容とフードシステム

表2　インドの関税率（1997/8、2001/2、2006/7）

	1997/8	2001/2	2006/7
平均非重量関税			
農業	26	41	43
鉱業	27	na	na
製造業	36	31	14
経済全体	35	32	16
平均重量課税	35	32	15

出所：WTO, Trade Policy Review: India（1998:46; 2002:32-3; 2007:39）．

表3　インド市場における外国産果実等の輸入状況と競合状況：2011年

項目	主要輸出国	主要供給国の供給期間	国内取引業者の利益・不利益の状況
アーモンド 輸入量：86,641トン 366百万ドル	・アメリカ　74% ・オーストラリア　9% ・中国　4%	季節毎に異なる	供給量が不足 地方市場では商品不足
ピスタチオ 輸入量：8,818トン 62百万ドル	・イラン　52% ・アフガニスタン　19% ・アメリカ　18%	伝統的な貿易関係	供給量が不足 地方市場では商品不足
ブドウ 輸入量：3,899トン 8百万ドル	・アメリカ　50% ・ペルー　14% ・チリ　9%	季節毎に異なる	季節的に国内生産 価格競争が激化
リンゴ 輸入量：179,015トン 189百万ドル	・アメリカ　37% ・中国　36% ・チリ　12%	価格 季節毎に異なる	供給量が不足 地方市場では商品不足
ナシ及びマルメロ 輸入量：17,409トン 13百万ドル	・中国　42% ・南アフリカ　23% ・アメリカ　23%	価格競争 季節毎に異なる	供給量が不足 地方市場では商品不足

出所：USDA ERS データ。

れの品目も増加傾向にあることが判る。表2に示すように、農業部門（農産品）の関税率は1991-93年の経済改革によって大幅に引き下げられたにも拘わらず[8]、製造業（工業製品）や経済全体と比較して相対的に高い水準に据え置かれており、インド政府が依然として保護的な農業政策を維持していることが窺われる。しかしそれ以上に経済発展に伴う国民所得の向上を背景に、インド国内の食料需要の増大が食料輸入を必然化させている事実が垣間見られる。次の表3にはインド市場における外国産果実の輸入状況と国内市場の需給関係を示した。表に示すように経済成長に伴って、インド市場にはアメリカ、中国、オーストラリア、アフガニスタン、イラン、ペルー、チリ、南アフリカなどから多様なナッツ・果実類が輸入されるようになっているが、地方市場では品不足によって価格競争が激化す

る事態も生じており、供給量を増やすために今後さらに農産品の輸入が増加することは避けられない状況にあるといえよう。

3．フードシステムへの外資流入と戦略的投資分野としての食品産業

　インドのフードシステムのグローバル化の状況を見るもう一つの指標はインドのフードシステムに対する海外直接投資の動向である。嘗てのアジアNIES、ASEAN、そして中国がそうであったように、今や多くの発展途上国では経済発展の起爆剤として外国からの投資を積極的に誘致・導入する動きが活発化している。インドもその例外ではない。しかしながらインドにおける資本自由化の動きは他の国々に比べてかなり緩慢なものであった[9]。このため、1990年代初頭までのインド経済にとって海外からの直接投資は取るに足らないものであった。インド政府が外資の自由化に踏み切ったのは1991年のことである。1991年、インド政府は食品製造業を含む34の産業分野について最大で51％の株式所有を認める海外直接投資を受け入れる外資自由化政策に転換した。しかし外資による資材等の輸入と本国への送金に関しては引き続き制限が設けられた[10]。これらの結果、海外直接投資が増加に転じたのは90年代の中盤以降である。90年代末には核実験による経済制裁とアジア経済危機の影響を受けてインドへの直接投資は一時的に停滞したが、2000年代以降再び増加に転じ、年変動が見られるものの増加基調で推移している（図5）。

　外国投資の認可額の上位には1位インド系外国居住者、2位アメリカ、3位モーリシャス、4位イギリス、5位日本、6位ドイツといった国々が名を連ねているが、実投資額ではモーリシャスが1位、2位がインド系外国居住者、3位アメリカ、4位日本、5位ドイツの順となっており、認可額に対する実投資額の割合では、1位がインド系外国人居住者、2位モーリシャス、3位オランダ、4位ドイツ、5位シンガポール、6位日本となっており、認可額と実投資額との間に大きな開きがあることがうかがわれる。流入直接投資の高位産業部門を表4に示し

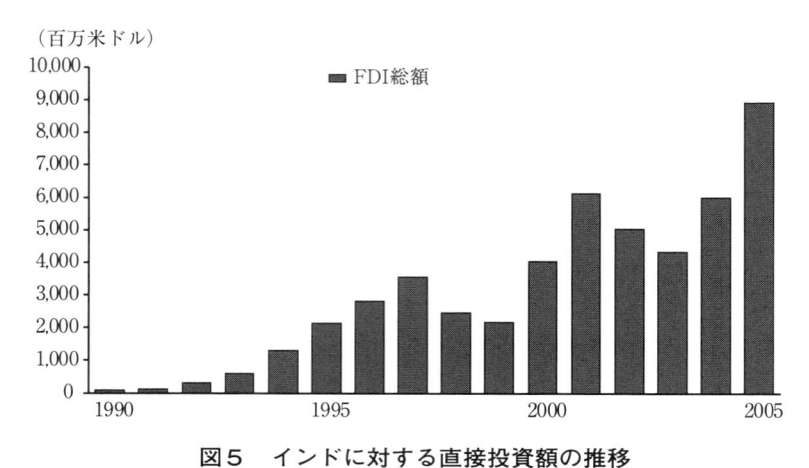

第Ⅰ部　インド経済の変容とフードシステム

図5　インドに対する直接投資額の推移

出所：Reserve Bank of India, Handbook of Statistics on Indian Economy; U.S. Department of Commerce, Bureau of Economic Analysis.

た。直接投資の流入額の最も多い産業部門はインドの基幹的産業となった電子機器・コンピュータソフト部門である。1991年8月から2007年1月までの累積投資額は356億900万ドルに達し、年間流入額も19.12％と高い水準にある。第2位が金融サービスを含むサービス部門、第3位が通信機器サービス部門、第4位が輸送部門、第5位が石油・電力などのエネルギー部門、第6位が化学製品、第7位には建設部門、第8位には医薬品・化粧品部門、そしてフードシステムの構成主体である食品製造業への投資は第9位にランクされている。しかしながら、投資額は電子機器・コンピュータソフトの7分の1の規模であり、年率にして2.64％の投資が流入しているものの、インドにとって重要な産業部門である食品製造業への投資額は外国資本の総投資額の1.78％にとどまっている[11]。もとより、電子機器・コンピュータソフト産業、自動車などの輸送部門などインドの基幹的産業の振興・発展を否定するものではないが、将来16億人に達する人口とインド国民のおよそ6割が何らかの形で農業、第一次産業に従事している現状に鑑み、雇用吸収力が高く、原料資源に恵まれたインドの食品加工分野を戦略的な投資分野として育成することが重要である。第1章で見たように、国内総生産に占める農業

第3章　グローバリゼーションとフードシステムの国際リンケージ

表4　海外直接投資流入の部門別順位

(単位：百万ドル)

順位	産業部門	2003-04 4-5月	2004-05 4-5月	2005-06 4-6月	2006-07 4-6月	累積流入額 1991年8月- 2007年1月	年間 総流入額 (％)
1	電子機器・コンピュータソフト	2,449 (532)	3,281 (721)	6,499 (1,451)	11,900 (92,636)	35,609 (98,130)	19.12
2	サービス部門	1,235 (269)	2,106 (469)	2,565 (581)	19,188 (4,240)	31,992 (7,331)	17.18
3	通信機器サービス	532 (116)	588 (129)	3,023 (680)	2,275 (503)	16,612 (3,874)	8.92
4	輸送部門	1,417 (308)	815 (179)	983 (222)	1,874 (412)	15,189 (3,590)	8.16
5	石油・電力	521 (113)	759 (166)	416 (94)	1,015 (224)	11,991 (2,805)	6.44
6	化学製品	94 (20)	909 (198)	1,979 (447)	699 (153)	9,279 (2,296)	4.98
7	建設	216 (47)	696 (152)	667 (151)	3,559 (789)	5,531 (1,224)	3.83
8	医薬品・化粧品	502 (109)	1,343 (292)	760 (172)	941 (208)	5,253 (1,216)	2.82
9	食品製造	511 (111)	174 (38)	183 (42)	222 (49)	4,925 (1,227)	2.64
10	セメント・石膏	44 (10)	1 (0)	1,970 (452)	1,005 (222)	4,237 (968)	2.28

出所：Fact Sheet on FDI, Mnistry of Commerce & Industry, Government of India.

の地位は低下している。しかしながら雇用、所得源、国民の食料供給、工業部門への原料供給、労働力の供給源として農業・農村が果たしている役割は依然として大きい。これらの状況を俯瞰して、他の製造業に比べて比較的容易に取り組むことが可能な食品産業（食品製造業、食品流通業、フードサービス産業）を振興・発展させることによって大きな経済効果を生み出すことが可能である。インドの強みを活かした産業分野への外資導入による産業の発展戦略である。

　食品製造部門への流入直接投資の内訳（2000-2011年）を見ると、加工食品・飲料などを製造する食品製造部門が12億8,600万ドルと最も大きく、年間流入額も１％弱に達している。次に投資額が多いのがアルコールなどの発酵産業であり投資額は９億7,900万ドルに達し、年間0.65％の割合で投資が流入している。以下、食用油などの油糧種子部門に２億3,800万ドル、紅茶・コーヒー部門に9,900万ドルの外資が流入しており、食品部門全体では26億400万ドルの外国資本がインド

第Ⅰ部　インド経済の変容とフードシステム

表5　食品製造部門への対内直接投資（FDI）の推移（2000-2011）

投資部門	FDI流入額		FDI流入に占める割合（%）
	（千万ルピー）	（百万ドル）	
1　食品製造	5872.16	1,286.53	0.89
2　発酵産業	4269.92	979.74	0.65
3　油糧部門	1103.22	238.72	0.17
4　紅茶・コーヒー	446.61	99.38	－
食品部門計	11691.91	2,604.37	1.78
総計	658586.43	147,088.13	100.00

出所：DIPP, Ministry of Commerce.

表6　インドの食品小売業の市場規模

部門	推計規模（2011）
小売業計（食品・非食品）	450兆ドル
チェーン小売業（食品・非食品）	27兆ドル（全体に占める割合6%）
食品小売業（近代・伝統型）	270兆ドル（小売全体に占める割合60%）
現代的食品小売業	5.4兆ドル（食品小売全体に占める割合2%）

出所：FAS Mumbai analysis and trade estimates.

に流入している（**表5**）。

　インドのフードシステムと直接投資との関連で特記すべき事項として小売業への外国資本の投資の動きがある[12]。12億人の巨大人口を擁するインドでは経済成長とともに消費市場の右肩上がりの成長が続いており、2011年度の小売業の売上高（食品・非食品を含む）は450兆ドルに達している（**表6**）。インドの小売業は成長著しいスーパー・マーケットなどのチェーン小売業（市場シェア6%）、伝統・近代混合型小売業（市場シェア60%）、ショッピング・モール、グロッサリー・ストアの現代的小売業の4つに分類されているが、貧困層・低所得層が人口の4分の1を占めるインドでは依然として伝統的な小売業或いはバザールなどでの露店販売の売上高が大きな割合を占めている。しかし近年ではチェーン・スーパーやショッピング・モールなどの出店が急速に進みつつあり、これらの大型流通施設の建設を目的にした農地保有が増加している。2000/01年のデータによると、その保有規模は最低で1ha未満から最大で10ha以上まで5つのランクに分けられており、2haから10ha規模の准中規模、中規模保有が全体の5割弱を占めている（**表7**）。こうした流通施設の建設を目的とした保有農地のうち、外国資本

第3章　グローバリゼーションとフードシステムの国際リンケージ

表7　インドにおける流通目的のための農地保有状況

規模	1995/96		2000/01	
	保有比率	面積比率	保有比率	面積比率
最低（<1ha）	61.6	17.2	63.0	18.8
小規模（1-2ha）	18.7	18.8	18.9	20.2
准中規模（2-4ha）	12.3	23.8	11.7	24.0
中規模（4-10ha）	6.1	25.3	5.4	23.8
大規模（>10ha）	1.2	14.8	1.0	13.2

出所：Ministry of Agriculture, Directorate of Economics and Statistics, Agricultural Statistics at a Glance 2006.

が取得した農地がどの程度の面積を占めているかは不明であるが、食品製造業以上に食品小売業に対する外国資本の流入が今後より一層活発化する可能性が高いといえよう。

4．フードシステムのグローバル化の今後の展開と課題

　インド経済の発展、経済の自由化を背景に、農産品の貿易と直接投資によってインドと海外のフードシステムの結合・連携関係は今後さらに拡大する可能性が高まっている。人口増加と国民所得の向上に伴う食料消費の多様化、高度化はより多くの食料輸入を不可避なものにしており、農産品輸出の面でも従来の素材・原料主体の輸出からより付加価値の高い加工品の輸出にシフトしていくものと思われる。

　インドにとって農産品の輸出入、直接投資の導入によるフードシステムの国際化、グローバル市場との結合・連携関係の構築は重要なオプションである。インドの人口は30年後に16億人に達し中国を抜いて世界最大となることが確実視されており、インド経済、インドのフードシステムにとって16億人の国民に対して安定した雇用と食料（食生活）を提供することは最重要の課題である。インドのフードシステムは統計的に把握可能なものだけでも1億2,900万世帯の農家と27,479社の食品製造企業（零細・小規模製造業を除く）、42,200の食品卸・小売業（零細・小規模店舗を除く）から構成されており、その規模は巨大であり、尚かつその構造も複雑である。このため、経済の自由化や市場開放の成果が直ちにはフードシ

ステムの隅々にまでは行き届きにくく、また経済自由化によってマイナスの影響を蒙る小規模生産者が少なくないことも事実である。グローバリゼーションの進展は現時点ではインドのフードシステムに国際貿易の拡大と外資導入の面でプラスの経済効果を生み出しているといえる。しかしながら、今後、グローバルなフードシステムの中でフードシステムの高度化、効率化を図るにはインフラ整備などハード面での課題も多い。同じBRICsの一員、新興国の代表的な存在として比較の対象になりやすい中国では1990年代以降高速道路網が整備されたことが、中国高成長の誘因になったと言われるのに対して、自動車台数が急速に増加し、貨物輸送の7割をトラック輸送に依存するようになっているにもかかわらずインドでは高速道路、一般道路の整備が著しく遅れており、幹線道路ではしばしば交通渋滞が発生するなど、物流（輸送）コストの低減を阻んでいる。さらにフードシステムの高度化や、食品安全の確保に不可欠なコールドチェーンが整備されていないといった問題がある。インドの食品衛生や食品安全への取り組みは以前に比べてかなり改善されているが、それはニューデリーやムンバイなどの大都市や大型流通施設などに限定されており、農村地域や小規模・零細規模の商業施設では今も伝統的な食料品の保存や販売方法がおこなわれている。貧困問題が重要な経済問題であるインドにとってこれらの諸問題にどう取り組むかも大きな課題である。

　さらにインドのフードシステムのグローバル化にとってもうひとつの大きな課題は電力供給を含むインド国内のインフラ整備である[13]。そのひとつ電力の供給に関してはインドの電化率は未だ60％未満の状態にあり、しかも電力の供給が増大する電力需要を賄いきれない状況にある。**表8**は、インド各地における電力の供給コストを示したものである。農業（食料生産）用の電力が低く抑えられているのに対して、地域産業、一般製造業への供給コストは割高となっており、尚かつ州毎に供給コストが異なっている。電力の安定的供給と供給コストの問題は、フードシステムを構成する食品企業活動にとっては競争条件を左右しかねない重要な問題である。さらに、インド経済の持続的成長、フードシステムの高度化が進展する中で、いかにして二酸化炭素（CO_2）の排出規制や、環境破壊を防止し

第3章　グローバリゼーションとフードシステムの国際リンケージ

表8　インド各地における電力の税率と動力コスト：2001-02

(単位：ルピー/kW・時間)

範囲	全インド平均	アンドラプラデシュ	ウッタルプラデシュ	ラジャスタン	タミルナド	ハリアナ
農業	0.42	0.14	1.19	0.46	0.01	0.48
地域産業	1.95	1.74	1.81	1.90	1.81	2.80
一般製造業	3.79	4.41	4.82	3.95	3.95	4.51
全体	2.40	2.22	2.59	2.21	2.37	2.25
供給コスト	3.50	3.61	3.83	3.68	3.09	4.12

出所：Planning Commission, May 2002.

てゆくのか、フードシステムと環境問題との調和も重要な課題である[14]。

　以上のように、インドのフードシステムの高度化、効率化には多くの課題があり、それらを解決してゆくには物流（輸送）、保管施設、コールドチェーンなどのインフラ整備、環境保全等を含めて海外のフードシステムとの連携協力が不可欠である[15]。依然として大きな所得格差が存在するインドの消費者に対して、フードシステム全体としてどのようにして消費者の便益を高めることが最も望ましいのか、その方向性が問われているといえよう。

注

1) 小島眞「インド経済の展望と課題」『世界経済評論』2006年3月号、pp.32-40。
2) Indian Council of Agriculture Research, 1980, pp.865-1048.
3) Government of India, Ministry of Finance, Depertment of Ecnmic Affair, *Economic Survey 2010-11*, February 2011, Oxford University Press, pp.2-4.
4) USDA, Economic Research Service, "India Agricultural Commodity Trade", 2013.11. pp.165-169.
5) Government of India, Ministry of Food Processing Industries, "Annual Report 2011-12", p.5.
6) Richard Newfarmer, William Shaw edited, *BREAKING INTO NEW MARKETS* World Bank, 2009, pp.183-186.
7) S. P. Gupta, REPORT OF THE COMMITTEE ON INDIA VISION 2020", Government of India, Planning Commission, NEW DELHI, 2004, p.129.
8) Shankar Acharya, Rakesh Mohan edited, *India's Economy -Performance and Challenge-*, OXFORD UNIVERSITY PRESS, 2010, pp.400-412.
9) インドにおいて外国資本に対する規制緩和が本格化したのは1990年以降である。その切っ掛けとなったのがインドの経済危機である。このため、インド政府は新

第Ⅰ部　インド経済の変容とフードシステム

　　　しい産業政策（New Industrial Policy, NIP91）を導入し、経済自由化に踏み切った。
10) Rais Ahmed, "FOREIGN DIRECT INVESTMENT POLYCY IN INDIA" *Foreign Direct Investment in India,* A Mittal Publication, 2008, pp.43-57.
11) 前掲、Annual Report 2011-12, pp.15-16.
12) 現在、インドの小売市場に進出している外資はMETRO（イギリス）、CARREFOUR（フランス）など少数の企業にとどまっているが、中国市場と同様に、外資系小売業にとって成長し続ける巨大市場への投資は重要なオプションである。
13) 海外直接投資の受け入れのために整備が必要な主なインフラ分野は、電力、水、通信・情報技術、輸送（道路、港湾、国内空港）などである。前掲、Foreign Direct Investment in India, pp-98-106. USDA, ERS, "The Environment for Agricultural and Agribusiness Investment in India" Economic Information Bulluetin Number 7, pp.27-31.
14) Corey L. Lofdash, *Environmental Impacts of Globalization and Trade,* The MIT Press, 2002, pp.68-97.
15) なお、ここではCEPEA（ASEAN+6（インド、オーストラリア、ニュージーランド、日中韓）、日本との二国間EPA（経済連携協定）を含む地域統合の進展によるフードシステムへの影響については触れなかったが、海外のフードシステムとの連携関係を含めて地域統合とフードシステムの相互関係に関しては今後の課題としたい。

第4章

経済開発計画とフードシステムへの影響

立花　広記

1．はじめに

　1947年、インドは約90年に亘るイギリスの植民地支配から独立した。独立後のインドは連邦制と議員内閣制を採用しており、連邦行政組織の長である元首（大統領）の下に、立法（国会）、行政（政府）、司法（裁判所）の三権が明確に分立している。なお大統領には政治的実権はなく、実質的な行政権は首相を中心とする閣僚会議に付与されている。インドの連邦制は州によるものであり、現在、28の州と7の連邦直轄地で構成されている。このうち州は直接選挙で選ばれた州の主席大臣によって統治され自治権が認められているが、連邦直轄領は中央政府による直接支配下にあり、大統領に任命された行政官によって統治されている。なおインド憲法では、中央政府、州政府、地方自治体の3つの行政階層が定められており、都市部と農村部にはそれぞれ異なる制度が導入され、農村部の自治体はさらにその内部が3層構造から成り立っている（**図1**）[1]。これらの行政組織はイギリス統治下に導入された州・県・郡・村という行政区画が、独立後もほぼそのままの形で受け継がれたものであり、現在の州の権限の拡大や自治の強化、そして強固な官僚制度を作り上げる要因にもなった。

　独立以降のインドは、社会主義型計画経済を取り込んだ「混合経済」体制を採用し、経済開発、経済運営は基本的に五ヵ年計画に沿って進められている。そして2012年から新たな第12次五ヵ年計画（2012-2017年）がスタートしている。

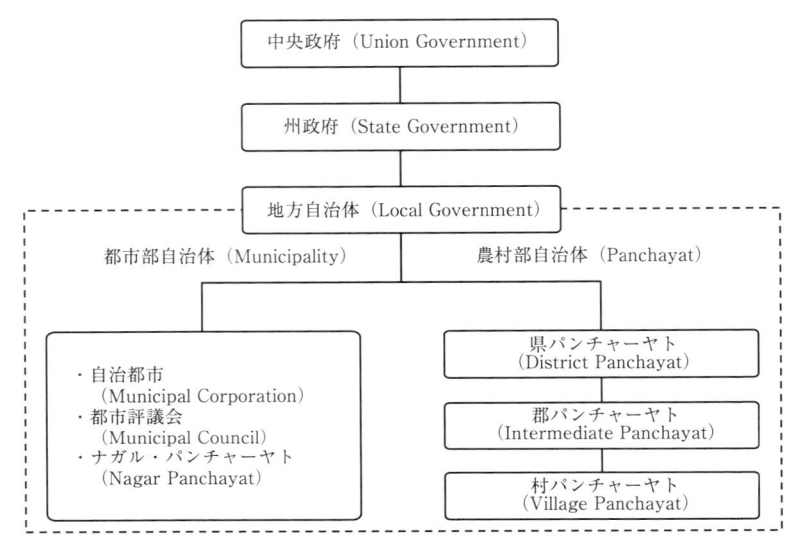

第Ⅰ部　インド経済の変容とフードシステム

図1　インド憲法が定める行政階層
出所：自治体国際化協会（2007）p.12より転載。

　当初、五ヵ年計画は社会主義的かつ閉鎖的なものであり、重化学工業などの基幹産業は公的企業がその開発をほぼ独占的に行い、貿易政策では輸入代替政策を採用し、国内産業を保護・育成してきた。しかし、1979年の第2次石油危機を契機に国際収支が危機的状況に陥ったため、インドはIMFからの借款を受け、その条件として独占および制限的取引慣行法などの規制緩和政策が進められた。こうした1980年代の経済自由化は経済を成長させる一方、輸入増加による貿易赤字を増加させ、経常収支を悪化させることになった。さらに、1991年には湾岸戦争の勃発やソビエト連邦の崩壊の影響を受けてインドは再度深刻な経済危機に直面した。この危機に直面してインドでは新たな経済政策が導入され、規制緩和や海外からの直接投資の許可、貿易の自由化などが推進されることとなった。

　なお、1989年から1991年までの間、政治情勢が不安定だったために、五ヵ年計画は策定されず、1992年に第8次五ヵ年計画が策定され新たな経済開発計画がスタートした。これによってインドでは経済の自由化が進展したが、しかしその一

第4章　経済開発計画とフードシステムへの影響

方では依然として計画経済が存続した中で、新経済政策が進められることとなった。そしてこの新経済政策以降、インド経済は著しい発展を遂げることになる。

本章では、これまでのインドの経済開発計画を概観し、近年の経済成長下でのこれらの新たな経済開発計画がフードシステムとその構成主体にいかなる影響を及ぼしているかについて検討する。

2. 経済開発計画の概要

(1) 国家計画委員会

五ヵ年計画の作成は国家計画委員会（Planning Commission）によって実施されており、国家計画委員会は、国内資源の有効活用による国民の生活水準の迅速な向上、生産の増大、雇用機会の拡大を目的に、1950年の国会決議によって設置されている。さらに国内資源（人、金、物）の評価、不足資源の増強、有効かつバランスの取れた資源利用計画の策定、開発の優先順位決定の責任を負っている。その委員長には首相が就任し、国家開発審議会（National Development Council）のサポートを受けることになっている。なお五ヵ年計画には計画委員会が策定する国家レベルのものと、各州が策定する州政府レベルのものとがある。

表1には第10次、第11次、12次五ヵ年計画のそれぞれの国家計画委員会を構成する各部門の構成を示している。国家計画委員会の部門構成は、第10次五ヵ年計画では18部門であったものが、第12次五ヵ年計画では26部門に増加している。増設された各部門は新設されたものや分割されたものであるが、いずれも計画の中で重要視されているものであり、また社会保障に関連する部門が増えているのが特徴である。

(2) 五ヵ年計画の策定手順[2]

国家計画委員会の大きな役割のひとつとして、州・省庁と協議し、国全体の方向性と各州・各省庁の政策を調和させながら五ヵ年計画を策定することがあげられる。以下は、五ヵ年計画の策定手順である。

表1　第10次および第11次、第12次五ヵ年計画における国家計画委員会の部門構成

第10次	第11次	第12次
1. Agriculture	1. Agriculture	1. Agriculture
2. Backward Classes	2. Backward Classes	2. Communication, Information Technology & Information
3. Communication&Information	3. Communication&Information	3. Culture
4. Development Policy	4. Development Policy	4. Development Policy
5. Education	5. Education	5. Enviornment and Forest
6. Environment&Forest and Tourism	6. Environment & Forests	6. Financial Resources
7. Financial Resources	7. Financial Resources	7. Human Resource Development
8. Health & Family Welfare	8. Health & Family Welfare	8. Health & Family Welfare
9. Housing&Urban Development	9. Housing&Urban Development	9. Housing & Urban Development
10. Industry & Minerals	10. Industry & Minerals	10. Industry
11. Labour, Employment and Manpower	11. Labour, Employment and Manpower	11. International Economics
12. MLP	12. Multi Level Planning	12. Labour, Employment and Manpower
13. Power & Energy, Energy Policy and Rural Energy	13. Power & Energy, Energy Policy and Rural Energy	13. Mineral
14. Programme Evaluation Organisation	14. Programme Evaluation Organisation	14. Multi Level Planning
15. Rural Development	15. Rural Development	15. Power and Energy
16. Transport	16. Social Justice & Women Empowerment	16. Perspective Planning
17. Village & Small Enterprises	17. Science & Technology	17. Project Appraisal Management Division
18. Water Resources	18. State Plans	18. Rural Development
	19. Tourism	19. Science and Technology
	20. Transport	20. Socio Economic Research
	21. Village & Small Enterprises	21. Social Justice & Social Welfare
	22. Voluntary Action Cell	22. Tourism
	23. Water Resources	23. Transport
	24. Women and Child Development	24. Voluntary
	25. International Economics	25. Women and Child Development
		26. Water Resources

出所：Planning Commissionウェブサイト（http://planningcommission.nic.in）より作成。

①五ヵ年計画の草案（Approach to the Plan）作成のための運営委員会とワーキング・グループの設置、②この国家レベルでの草案が作成される間、各州政府も州政府の草案を作成し、必要に応じてワーキング・グループを招集、③草案が国家開発審議会で承認されると、国家計画委員会から中央省庁と州政府に五ヵ年計画の具体的な提言書の作成を要請し、国家開発審議会の権限のもとに、そのた

第4章 経済開発計画とフードシステムへの影響

めのガイドラインを提示、④ワーキング・グループの助言のもとに、国家計画委員会が開発計画と貯蓄、投資、雇用、輸出入などのマクロ経済指標の具体化、⑤国家計画委員会から州政府に対して五ヵ年計画内の予算要求（ただし具体的な予算案は州政府のワーキング・グループによって作成される）、国レベルの予算は、草案作成委員会と国家計画委員会や財務省、準備銀行などのメンバーで構成されるワーキング・グループが作成し、⑥州計画のアドバイザーは、担当の州の計画に関する提言書（国家計画委員会と州政府で行われる州計画の調整の際に使用される）を準備、⑦中央政府と州政府の五ヵ年計画が相互に組み込まれた第1次案が完成、⑧第1次案が国家計画委員会と内閣で承認されると国家開発評議会に提出され、⑨国家開発評議会で承認されると上院および下院に提出されることになる。

以上の手順を踏むことで、国家計画委員会は、国家レベルと州政府の五ヵ年計画のすり合わせを行い、それぞれの計画の施策の重複を省き、非効率的なコストを削減することが可能となるのである。

（3）これまでの五ヵ年計画の概要

五ヵ年計画の概要とその間の経済成長率をまとめたのが**表2**である。五ヵ年計画は、途中2度の中断があり、大きく3つの期間に分けることができる。

第1期間は第1次から第3次（1951-1966年）までの間である。この期間のうち第1次五ヵ年計画（1951-1956年）では食料生産に、次いで第2次五ヵ年計画（1956-1961年）では重工業に、第3次五ヵ年計画（1961-1966年）では農業と工業の双方に、経済開発計画の重点が置かれた。この間、インド農業は大きく躍進したが、干ばつや物価上昇などの影響によって五ヵ年計画は1966年から1968年の間は中断された。

第2の期間は第4次から第7次（1969-1985年）までの期間である。この期間の前半は失業や貧困の削減、経済の安定が主要な目標であったが、結果的には国家による規制と管理が強まり、逆に国全体を疲弊させることとなった。このため1980年には政権交代があり、それ以降の経済自由化が進展するきっかけとなった。

表2　第1次～第11次五ヵ年計画の概要と経済成長率の推移

五ヵ年計画	期間	内容	実質GDP年平均成長率（％）
第1次	1951-1956	経済活動の再生を目的に、①農業・コミュニティ開発、②灌漑・電力、③交通・通信、④産業、⑤社会サービス、⑥復興、⑦その他、の7部門に予算を重点的に配分。	3.61
第2次	1956-1961	長期的経済成長に向けて生産部門間の投資配分の最適化を狙いとしたマハラノビス（Prasanta Chandra Mahalanobis）のモデルを基に、重工業に力点を置く。	4.27
第3次	1961-1966	当初は農業を重視、後に物価安定が最優先課題になる。1965-1966年の間、「緑の革命（Green Revolution）」によってインド農業は大きく躍進。	2.84
第4次	1969-1974	失業と貧困、食糧安全保障が重視され、近代的な組織化部門だけでなく、伝統的部門と中小企業部門の成長拡大も承認。	3.35
第5次	1974-1979	雇用創出と貧困削減が計画の軸となり、同時に農業生産や国防も重視されたが、貧困削減の効果がみられないと1978年に計画を却下。	4.88
第6次	1978-1983	ネルー主義（Nehruvian）経済モデルを否定し農村産業と自由市場を重視、また重工業からインフラ整備に重点が移行。	3.20
第7次	1980-1985	技術革新による生産レベルの向上が重要とされ、またインド経済の自由化が開始。	5.51
第8次	1992-1997	産業の近代化が政策の中心となり、またインド経済の開放を進め、増大する赤字国債と外債の見直しを実施。	6.54
第9次	1997-2002	これまで重視されていた公共部門の役割があまり強調されず、大まかな方向性を示すという性格が強くなる。	5.68
第10次	2002-2007	貧困抑制と雇用創出、全ての子どもに教育機会の付与、識字率の向上、男女の賃金格差の半減、人口増加率を16.2％に抑制などが目標。	7.61
第11次	2007-2012	より迅速かつ包括的な成長を目的に年平均成長率9％を目指し、所得と貧困、教育、保健、女性・児童、インフラ整備、環境の分野の改善に重点を置いた。	7.94

出所：実質GDP年平均成長率はMinistry of Finance, Economic Survey 2011-12 データから算出、内容については国土交通省国土計画局（2010）および国土交通省海外職業訓練協会（2004）をまとめた。

注：実質GDP年平均成長率は単純平均で算出。

　第3の期間は第8次五ヵ年計画以降（1992年～）である。第8次五ヵ年計画では産業の近代化が政策の中心となり、インド経済の開放が進展し、赤字国債と外国債の見直しが実施された。これによって第8次五ヵ年計画以降、インド経済は大きく飛躍し、それぞれの五ヵ年計画の期間で実質GDP年平均成長率はいずれも5.68％以上に達した。

第4章　経済開発計画とフードシステムへの影響

3．第12次五ヵ年計画のフードシステムへの影響

（1）経済開発計画とフードシステムとの関わり

　1991年の経済自由化以降、五ヵ年計画は社会主義的な要素を弱め、国の大まかな方向性を示す性格が強くなっている。それと同時に産業の近代化と経済成長を支えるために、五ヵ年計画にはこれまで以上に多くの予算が投じられることになった。**図2**は新経済政策以降の第8次五ヵ年計画（1992-1997年）から第11次五ヵ年計画（2007-2012年）までの支出額と各部門のシェアを示している。これをみると、第8次五ヵ年計画の全支出額は43兆4千億ルピーであったが、第11次五カ年計画では8.4倍の364兆5千億ルピーにまで増加している[3]。これに伴い、各部門の構成割合も変化しており、社会サービスや一般経済サービス、一般サービ

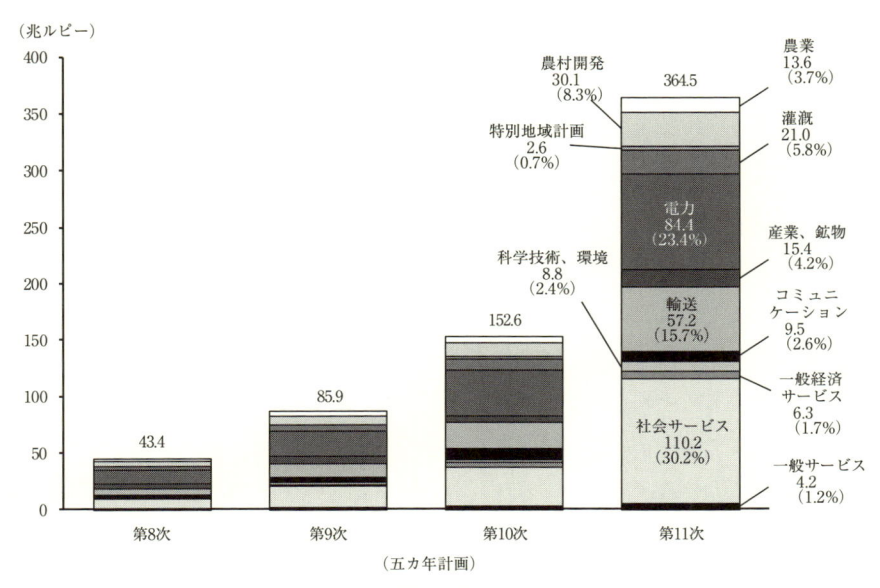

図2　新経済政策以降の五ヵ年計画の支出額とその部門別シェアの推移

出所：Ministry of Finance, Economic Survey 2011-12より作成。
注：第11次五ヵ年計画は見積額。

ス、運輸などのサービス分野でその割合が上昇する一方、産業・鉱物、農業などでは支出割合が低下傾向にあることがわかる。

　五ヵ年計画を策定する国家計画委員会は農業およびその他の産業、人的資源開発、保健・家庭福祉、農村開発など26部門で構成されている。このため、それらは直接、間接にフードシステムに大きな影響を及ぼすことになる。たとえば、人的資源開発は農業や食品製造産業の生産性の向上をもたらし、保健・家庭福祉の充実はそれによって死亡率が減少し食料消費の増加に繋がることになる。このように、いずれの部門もフードシステムに何らかの影響を与えていると考えられるが、ここでは第12次五ヵ年計画のうちフードシステムへの影響が特に大きい「農業」部門と産業部門に分類されている「食品製造業」を対象に、それに関連する施策を概観し、それらの施策がフードシステムに与える影響について考察する。

（2）第12次五ヵ年計画の概要[4]

　第11次五ヵ年計画では年率9.0％の経済成長率の達成を目指していたが、結果は年率8.2％に留まった。第12次五ヵ年計画では「迅速かつ持続的でより包括的な成長」をスローガンに、第11次五ヵ年計画以上の年率9.0～9.5％の成長率を目標としている。そして第12次五ヵ年計画においては、経済成長の制約条件として①電力の利用可能性、②水の利用可能性の問題、③農業生産と農産物流通の改善の遅れ、④工業用とインフラ開発用の土地取得の問題、⑤鉱物資源の開発のために必要な信頼できる公平なシステムの欠如があげられており、中でも目標とする経済成長率の達成には、農業部門の成長が重要とされている。これは農業部門の成長がないまま経済成長が進むとインフレが加速されることがその理由としてあげられる。これまでインドでは戦争や政策の失敗から食料価格が高騰し、国民生活を脅かすことが度々起きた。このため第12次五ヵ年計画ではインフレ率を4.5～5.5％に抑制することを最大の目標にしている。

　なお第12次五ヵ年計画はまだ策定段階であるため、農業部門については国家計画委員会（2011）『Faster, Sustainable and More Inclusive Growth An Approach to the Twelfth Five Year Plan (2012-17)』の草案を、食品製造業

第4章　経済開発計画とフードシステムへの影響

部門については食品加工産業省（Ministry of Food Processing Industries：MOFPI）（2011b）『Report of the Working Group on FOOD PROCESSING INDUSTRIES For 12th Five Year Plan』の草案をもとに施策の概要をみていくことにする。

（3）農業部門に関する施策

　インドでは人口の約半分の国民が農林水産業に従事して生計を立てているが、農村ではインフラ整備や人的資源開発が低い水準にあり、さらに不公平性や不確実性（価格や天候など）の高い社会環境にある。このため、現在でも農家所得を増加させることは貧困削減の最善の手段とされている。財務省財務総合政策研究所（2012）の報告によると、「農業部門が1％成長すると、他の部門の成長よりも貧困削減に3倍もの効果」があるとされている。

　第10次五ヵ年計画の期間中、農業部門の年平均成長率は年率2.3％であったが、第11次五ヵ年計画ではそれを年率3.2％へと上昇させた[5]。第12次五ヵ年計画ではさらなる成長を目指し、年平均成長率の目標を4.0％に設定している。

　なお経済全体の成長率を9.0％に設定した場合、穀類の生産は年率2.0％の成長を、穀類以外（特に園芸や畜産、酪農、家禽、水産など）については年率4.0～5.0％の成長が可能と予測している。

　この年率4.0％の成長を達成するために、農業部門では26のワーキング・グループとひとつの運営委員会を設置し、優先すべき課題として、①生産（生産に関してはさらに下記の項目があげられている。ⓐ適正な水管理、ⓑ土壌養分の管理、ⓒ化学肥料の使用による効率性の向上、ⓓ農業部門のための新技術の導入、ⓔ天水農業からの転換、ⓕ種子システム、ⓖ総合的な病害虫管理（Integrated Pest Management：IPM）と無農薬管理（Non-Pesticidal Management：NPM）の実施と低投入型稲作技術（System of Rice Intensification：SRI）のプロモーション）の開発、②土地と土地借用の改革、③畜産・水産業の振興、④小規模生産とマーケットのリンケージ、⑤作物保険の導入、⑥マーケティングとロジスティックスの改善、⑦共有資源の活用、の7項目があげられている。

これらの項目が複合的な成果をあげることができれば、農家所得と食料生産が増大すると考えられている。さらに近年の国際的な食料市場価格を考慮すると、自給自足だけでなく生産余剰をもつことが重要な課題といえる。それによって、たとえば近隣諸国や地域が食料危機に瀕した際にも食料の供給が可能となる。そして果物や野菜、乳卵類、肉類、魚介類、豆類については、それらの地域の需要の拡大に対応するためにも、穀類以上に生産増加を達成することが必要となる。このため、第12次五ヵ年計画の期間中に、穀類は年率2.0％前後、園芸や畜産製品は年率4.5〜6.0％、油糧種子は年率3.0％以上の生産増加が期待されており、それらによって農業部門全体では年率4.0〜4.5％の成長がもたらされるものと考えられている。

　また農業部門の生産増加は、農村の生活向上に対して、①より高い農業生産性の実現、②園芸や酪農、畜産によるより高い価値の創出、③農業機器のレンタルによる農業支援サービスの範囲の拡大や、機械による耕耘や播種、収穫などの代行サービスの機会の拡大、④保管や加工などの収穫後作業の大幅な拡大、⑤中小規模の農業関連産業の設立の促進、⑥中小規模の非農業関連産業の拡大、などの効果を産み出すことが期待されている。これらは農村世帯の所得向上や農村における関連産業の発展への寄与とそれに伴う雇用機会の拡大に繋がることになる。

（4）食品製造業に関する施策

　食品製造部門は第11次五ヵ年計画の期間内に大きな発展を遂げた。統計・事業実施省（Ministry of Statistics and Programme Implementation：MOSPI）『工業年次調査（Annual Survey of Industries：ASI）』のデータによると、2004-05年の食料製品と清涼飲料の生産額は2兆426億ルピーであったものが、2008-09年には4兆537億ルピーへと大きく増加している。

　なお『工業年次調査』では組織化された製造業のみが対象となっているため、非組織化製造業も含めた統計・事業実施省『国民経済計算（National Accounts Statistics：NAS）』のデータを用いてその成長率をみると、2004-05年から2008-09年までの間の食品製造部門の成長率は8.5％であることがわかる。さらにこれ

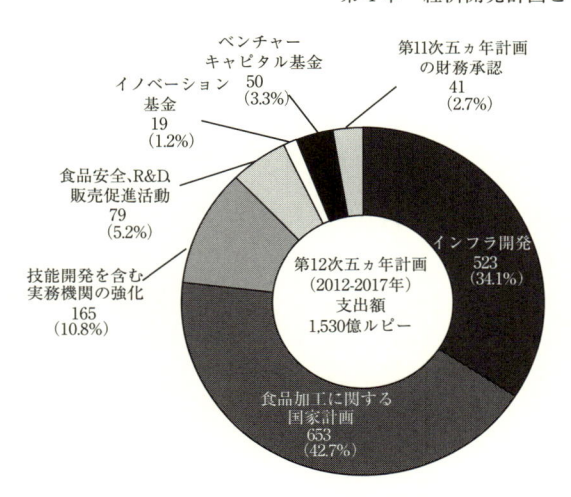

第4章　経済開発計画とフードシステムへの影響

図３　第12次五ヵ年計画の支出額とその内訳

（円グラフの内訳）
- インフラ開発　523（34.1%）
- 食品加工に関する国家計画　653（42.7%）
- 技能開発を含む実務機関の強化　165（10.8%）
- 食品安全、R&D、販売促進活動　79（5.2%）
- イノベーション基金　19（1.2%）
- ベンチャーキャピタル基金　50（3.3%）
- 第11次五ヵ年計画の財務承認　41（2.7%）

第12次五ヵ年計画（2012-2017年）支出額 1,530億ルピー

出所：Ministry of Food Processing Industries, "Report of the Working Group on FOOD PROCESSING INDUSTRIES For 12th Five Year Plan"より作成。
注：カッコ内の数値は支出額全体に占める割合を示す。

を組織化された食料製品と清涼飲料部門に限定してみると成長率は年率約15％になる。これは第12次五ヵ年計画で目標として定めた年率9.0～9.5％の成長率を大きく超えるものである。それに加えて食品製造業の発展は、食品ロスの削減や雇用機会の創出、輸出拡大などを促進する効果があるため、インド中央政府は食品製造業の振興に力を注いでいる。

第11次五ヵ年計画は、特に食品製造部門へのアプローチと規模拡大に関して、従来の計画に比べてステップアップされたものになっている。前者に関しては官民連携（Public-Private Partnership：PPP）の導入とインフラ設備への投資が、後者に関しては支出額の拡大があげられる。食品加工産業省の第11次五ヵ年計画への支出額は403億ルピーであったが、それは第10次五ヵ年計画の支出額65億ルピーの約6.2倍であり、インド中央政府の食品製造業への期待の大きさがみて取れる。

この第12次五ヵ年計画は基本的には第11次開発計画を踏襲したものであり、農

第Ⅰ部　インド経済の変容とフードシステム

業生産性の向上、貯蔵施設や食品加工設備などのインフラ部門への投資の必要性をあげており、①包括的な成長、②食料安全保障の確立、③イノベーションと企業助成、技能開発、④食料安全と品質向上などを目標にしている。

　第12次五ヵ年計画への支出額をみると、第11次計画のそれを大きく上回る約3.8倍の1,530億ルピーが計上されている（**図3**）。第12次五ヵ年計画は大きく7つの計画で構成されており、そのうちインフラ開発と食品加工に関する国家計画（National Mission on Food Processing：NMFP）への支出額は、それぞれ523億ルピー（支出額全体に占める割合は34.1％）、653億ルピー（同42.7％）となっている。両計画の支出額の合計は第12次五ヵ年計画の支出額全体の76.8％を占めており、この点からもこれらの計画の重要性が窺える内容となっている。以下ではこの2つの計画の概要についてみておこう。

1）インフラ開発計画

　食品加工の大きな役割のひとつとして、農産物の長期間の買入れを保証することで農業生産者の不確実性を削減し、それによって農産物の激しい価格変動や食料インフレを抑制することなどがあげられる。さらに農産物は加工することによって保存期間を引き伸ばすことが可能となり、結果的に食品ロスを削減することができる。そしてそれは収穫期の一時的な過剰在庫の問題を解消し、農業生産者にさらなる生産増加の機会を与えることとなる。

　インドでは食品製造業はその産業的特性によって中小企業者が多くを占めており、その結果、食品製造部門へのインフラ投資は極めて低い水準にある。とりわけ地方の場合には食料のサプライチェーンが分断されており、それが収益性を圧迫してサプライチェーンへの大規模な投資を抑制している。

　そこで第11次五ヵ年計画以降は、これらの問題を改善するために、①メガ・フード・パーク計画、②コールド・チェーンおよび高付加価値化、貯蔵インフラ施設の整備計画、③屠殺場の近代化計画などが策定されており、メガ・フード・パーク計画とコールド・チェーン計画に関しては民間部門との連携・協力を考慮して設計され、一方、屠殺場の近代化計画については地方自治体が実施することに

第4章　経済開発計画とフードシステムへの影響

なっている。

2）食品製造部門に関する国家計画

　食品製造部門に関する国家計画（以下、NMFPと省略する）は第12次五ヵ年計画の中でも最も重要な戦略のひとつとなっている。第12次五ヵ年計画の期間中、いくつかの計画に関して、NMFPを通してインフラ整備や技能・開発研究などの必要分野に対して集中的な開発ができるものとし、また国民の参加を促進させ、地域のバランスを維持することが重視されている。

　NMFPの目的は以下の通りである。①農業生産性と農家所得を向上させるための食品加工の重要性の周知、②農業計画と食品製造部門の開発によるシナジー効果を創出するための州政府への支援、③バリューチェーンに関連する制度やインフラのギャップを解消のための州政府への支援と、それによる農産物の効率的なサプライチェーンの構築、④農産物の収穫後の管理と食品製造業のいずれかのニーズを満たす技能開発および訓練、起業へのイニシアティブの促進、⑤資本や技術・技能に関して、それぞれの必要に応じたサポート体制を提供することによる中小企業の食品加工設備の設置や近代化のための支援、⑥国内外の食品安全法や市場需要に対して必要な基準を満たすための食品製造業への支援などである。

（5）第12次五ヵ年計画による波及効果

　第12次五ヵ年計画の総支出額1,530億ルピーのうちの67.3％にあたる1,030億ルピーが上述したフード・パークの建設やコールド・チェーンの構築、屠殺場の近代化、農場インフラの整備、その他の食品加工設備などの計画に割り当てられている。第12次五ヵ年計画の期間中、これらの計画に対する1,030億ルピーの財政支援は、食品製造部門に総額3,500億ルピーの追加投資を誘発するものと予測されている。さらにメガ・フード・パーク（食品加工設備への投資も含む）の建設の場合には6倍の追加投資を、コールド・チェーンの構築の場合には2.5倍の追加投資を誘発すると推計されている。

　食品製造部門のそれと比較して低い値かもしれないが、インド経済における限

界資本係数は4と推計されており、通常3,500億ルピーの追加投資があった場合、875億ルピーの産出額の追加が見込まれている。またこの投資水準の場合、1千万ルピーごとに30人の雇用の創出が可能と予測されている。このため、第12次五ヵ年計画の期間中、これらの施策が成功した場合には、最低でも100万人の追加雇用の創出の可能性があるとされている。

また食品加工産業省では技能開発プログラムの下で3万人を対象とした技能開発の推進を掲げている。このプログラムは、農村部の若者に対して食品製造業での就業機会を増やし、食品製造部門が、上述した投資や成長によってもたらすであろう、いかなる労働力問題も確実に回避できるようにすることを目標にしている。

これらの施策では、食品製造業の加工水準を向上させることや、現在の食料ロスを減少させること、農業部門の生産性を高め国家目標を達成させること、農家所得を向上させ食料安全保障を確立することが期待されている。

4．おわりに

本章では、五ヵ年計画による経済開発計画を概観し、これらのうちフードシステムの川上と川中部分に位置する農業部門と食品製造部門に対するそれぞれの主な施策とその波及効果について考察した。

インドの経済開発計画は、社会主義型計画経済をベースとした「混合経済」体制で進められてきた経緯があり、当初は閉鎖的で国家の統制が強かったが、新経済政策以降は大摑みな指針を提示するという傾向が強まっている。経済自由化の進展は、インド経済の著しい発展をもたらし、その成長は現在も持続している。経済の成長は国民所得を増加させ、インドの食料消費を量的にも質的にも大きく変えつつある。またインドでは半数近い人口が農村に居住しており、農業とその関連産業、特に食品製造業の発展は農村住民やインド経済の発展に大きな影響を与えることになる。

しかしインドでは道路、電力などのインフラの整備が不十分であるために、効率的な食料のサプライチェーンの構築が困難になっており、他方でそれが農業と

第4章　経済開発計画とフードシステムへの影響

食品産業の発展を妨げ、食品ロスや食料品価格の高騰の原因となっている。また、これまで組織化されていない中小規模の流通業者や食品製造業者、小売業者が地域の食料供給を支えてきたが、情報の不完全性や非対称性から適正価格での取引が行われず、不当に生産者価格を設定したり、逆に、消費者価格をつり上げる要因にもなっている。

　このため、近年の五ヵ年計画ではまずインフラ整備に重点が置かれ、第12次五ヵ年計画では農業部門に関しては生産性の向上とともに、「小規模生産とマーケットのリンケージ」や「マーケティングとロジスティックスの改善」が優先課題にあげられている。また食品製造業部門では「メガ・フード・パーク計画」や「コールド・チェーンおよび高付加価値化」のため施策が策定され、他の計画と比較しても、極めて大きな予算が割り当てられている。

　これらの施策によって第12次五ヵ年計画では、農業部門全体では年率4.0～4.5％の成長が見込まれており、それは農村世帯の所得向上とともに関連産業の雇用機会の拡大などに繋がると予測されている。同様に、食品製造業部門では総額3,500億ルピーの追加投資を誘発し、100万人の雇用創出が可能であることを示唆している。

　さらにインフラ整備の進展は、農業や食品製造業だけでなく組織化されていない中小規模の小売業者の組織化を促進させ、農業生産者と消費者をより効率的に連携させ、フードシステム全体を発展させると考えられている。それらを通じて、多様化する消費者ニーズを農業部門や食品製造業部門に的確にフィードバックし、農業部門や食品製造業部門における計画的な生産や適正な在庫管理、消費者ニーズにマッチした高付加価値商品の開発などが可能となり、フードシステム全体の生産性や価値を高めるとしている。

　以上のことからも、インドの経済開発計画はフードシステムの健全な発展のために重要な役割を果たすことになるといえよう。

注
1）自治体国際化協会（2007）pp.1-12をまとめた。

第Ⅰ部　インド経済の変容とフードシステム

2）総務省大臣官房企画課（2009）pp.41-46をまとめた。
3）各五ヵ年計画の支出額は名目金額である。
4）Planning Commission（2004）による。
5）2010-11年の豊作により、この期間の経済成長率は年率3.3～3.5％へ訂正される可能性がある。

引用・参考文献

Ministry of Food Processing Industries (2006), "Eleventh Five Year Plan Report of the Working Group on Food Processing Sector".
Ministry of Food Processing Industries (2011a), "Draft Report of Working Group FOOD PROCESSING INDUSTRIES For 12th Five Year Plan".
Ministry of Food Processing Industries (2011b), "Report of the Working Group on FOOD PROCESSING INDUSTRIES For 12th Five Year Plan".
Ministry of Food Processing Industries (2012), "Government of India Annual Report 2011-12".
Planning Commission (2002), "Report of the Committee in India Vision 2020".
Planning Commission (2004), "Approach to the Mid-Term Appraisal of the Tenth Plan (2002-07)".
Planning Commission (2011), "Faster, Sustainable and More Inclusive Growth An Approach to the Twelfth Five Year Plan (2012-17)".
海外職業訓練協会（2004）「3.1国家経済・社会開発計画」www.ovta.or.jp/info/asia/india/pdffiles/03planning.pdf
国土交通省国土計画局（2010）「東アジア等国土政策ネットワーク構想検討基礎調査（その２）―インドの国土政策事情―」。
財務省財務総合政策研究所（2012）「平成23年度第３回インドワークショップ議事要旨」。
自治体国際化協会（2007）『インドの地方自治』自治体国際化協会。
清水徹朗（2006）「インドにおける経済・貿易自由化とその影響―グローバリゼーションとインド―」、『農林金融』2006・8、pp.29-40。
総務省大臣官房企画課（2009）「インドの行政」。
野島直人・立花広記（2009）「インドにおける農業政策―第11次５ヵ年計画における農業政策―」『平成20年度海外農業情報調査分析事業アジア地域報告書』食品需給研究センター、pp.150-170。
藤田幸一（2007）「インドにおける農政・貿易政策決定メカニズム」『平成19年度アジア地域食料農業情報調査分析検討事業実施報告書』国際農林業協働協会、pp.57-81。
藤野伸之（2006）「インドの食料需給と農産物貿易」『農林金融』2006・8，pp.41-52。

第Ⅱ部　フードセクターの諸相と展開

第5章

インド農業の展開とフードシステム
――大豆を事例として――

小林　創平・辻　耕治・中西　泉

1．はじめに

　インドは主要な大豆生産国であるが、ブラジルや中国と比較して、単位面積の収量（以下、単収）がha当たり平均1.1トンと低い。この単収を向上させることで、近年急増しているインドの食用油の輸入量を低減させるとともに、欧州や日本への大豆粕の輸出を増加・安定化できると思われる。本章では、インドにおける大豆生産の経緯・現状および問題点を、主産地のマディヤ・プラデシュ（Madhya Pradesh、MPと省略）州を事例にしつつ紹介する。さらに、低収の要因をブラジルと比較しながら考察した後、その改善のためにJICAが実施中のプロジェクト活動の一部を紹介する。

2．大豆の生産、需給および取引状況

（1）大豆生産の経緯と現状

　インドでは油糧用大豆を921万haに作付けし、981万トンを生産する栽培面積で世界第4位、生産量で第5位の大豆生産国である（農林水産省、2012a）。日本の大豆栽培面積と生産量が、それぞれ14万haと22万トンであるから（農林水産省、2012a）、インドは日本と比べて40倍以上の大豆を栽培・生産していることになる。インドの大豆生産は1960年代から拡大され始めたが、それ以前にも北部のウッタ

第Ⅱ部　フードセクターの諸相と展開

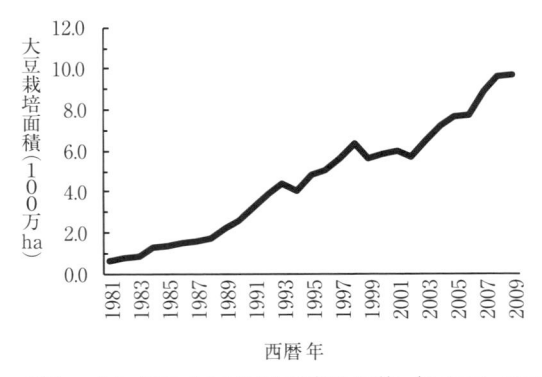

図1　インドの大豆栽培面積の推移（SOPA, 2012）

ル・プラデシュ州や中部のMP州などで、食用または飼料用大豆をわずかに栽培していた（Shurtleff and Aoyagi, 2007）。1960年代以降に、インド国内の在来品種（例：Kalitur）と米国から導入した品種（例：Clarke63）を用いて、油糧用大豆の育種が本格化され、大豆栽培面積の拡大を後押しした。特に1990年以降は、栽培面積が爆発的に増加したため、大豆の黄金期と言われている（SOPA, 2012;図1）。

　同国中央部に位置するMP州は、インド国内の大豆栽培面積の59％、生産量の60％（SOPA, 2010）を占める主要な生産地である。同州に隣接するマハラシュトラ州とラジャスタン州が第2と第3の生産量であることから（SOPA, 2010）、MP州は地理的にも大豆生産地帯の中心に位置する。特に、商業都市のインドール（Indore）を含むマールワー（Malwa）地区がその中心である。州の分離などを経ているため統計情報が見あたらないが、同州では、大豆栽培が拡大した1960年代から農地面積が増加し、ヒエや綿花の栽培面積が減少したと言われる（CICR, 2012）。すなわち、大豆栽培は未利用地への作付けとヒエや綿花を代替する2つのルートにより、拡大したと思われる。同州では現在でも、大豆の栽培面積は増加傾向にある（SOPA, 2010）。近年、綿花は組換え品種の栽培許可により、大豆は価格上昇により、それぞれの競合力が高まっており、今後この2つの作物のせめぎ合いや拡大が予想される。

第5章　インド農業の展開とフードシステム

（2）大豆の需給と取引状況

　インド国内で生産される大豆の大部分は油糧用である。そのため、外観や食味など食用大豆特有の形質は重要視されない。インドにとって大豆は戦略作物であり、その輸出は原則認められていない。近年、国内の食用油の需要の急増から、搾油した大豆油を100％国内で消費した上に、海外から食用油を年間約882万トン輸入している。この輸入量は国内消費量の約54％に相当し、大豆油129万トンを含んでいる（ICRA, 2011）。一方、インド国産の大豆粕はヨーロッパや日本に積極的に輸出されており、日本の輸入大豆粕の約47％はインド産と見込まれ（日本飼料工業会、2012）、その大部分は飼料用に、一部は醤油原料に利用されている。米国や南米諸国の大豆が遺伝子組換え品種となるなかで、インドは組換え品種が認可されておらず、その大豆粕は非組換え作物を好む国に好感されている。最近では、米国の対イラン経済制裁の結果として、イランへの大豆粕の輸出が大幅に増加している。なお、インドで大豆と言えば、油糧用であり食用ではないため、食用大豆が輸出規制穀物に該当するかは定かでない。しかし、最近の大豆価格の上昇やインド国内の食品の多様化から、食用大豆へのニーズは今後高まると予想され、大豆価格や食品価格の動向次第では、食用大豆の生産と輸出の可能性も残っている。

　近年、中国をはじめとする新興国の需要拡大や天候不順による世界的な生産量の落ち込みから、大豆の需給状況が逼迫し、その国際取引価格（シカゴ価格）が大幅に上昇している。インドでは、主にマンディー（ヒンディー語で市場の意味）と呼ばれる公共市場を通じて、農家や集荷業者が搾油会社に大豆を販売するが、政府はこの市場における大豆の最低支持価格を設定している。国際取引価格の上昇に伴ってこの最低支持価格も上昇しているが（**図2**）、2012年10月の時点で、実際の市場における取引価格はこの最低支持価格よりトンあたり150ドルほど高くなっている（Government of India, 2012a; Indicat Finance, 2012）。インドの大豆取引価格には季節変動が見られ10月の大豆収穫後に価格が最も低く、翌年の7～9月にかけて徐々に上昇している。そのため、農家の一部や倉庫業者は大豆粒

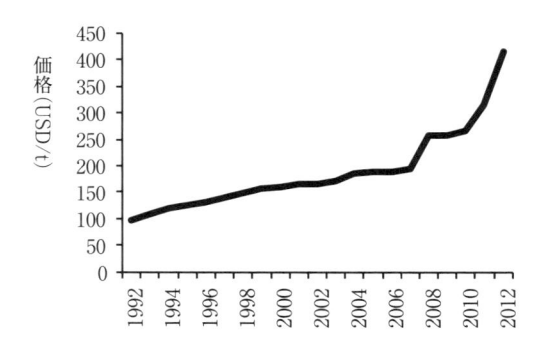

図２　大豆（黄色種子品種）のインド政府最低保証価格の変遷
(Government of India, 2012a)

を保管し、価格の上昇とともに市場で販売すると言う。前述のように、今後もイランへの大豆粕の輸出増が見込まれるため、それがインド国内の大豆の価格上昇圧力になっている。今後、インドの大豆取引価格は国際的な需給状況のみならず、米国の対イラク経済制裁を反映する可能性がある。

3．低い大豆の生産性とその要因

（1）大豆の生産性と格差

　インドの大豆の単収は、大豆栽培が始まった1960年代から徐々に増加しているものの、その増加速度は遅く、他国と比較し極めて低いha当たり1.1トンの水準に留まっている（SOPA, 2010）。MP州はインド国内第1位の大豆生産州であるが、その単収は他州の平均値と同程度である（SOPA, 2010; 図3）。仮にインドの大豆の生産性が日本や中国と同レベル（約1.7トン）まで向上したとすると、現在の大豆油の輸入量を100万トンほど削減できる。ただし、この100万トンはインドの食用油の輸入量880万トンに比較して大きくはない。生産性の向上によってインドのプレゼンスが高まるのは大豆油ではなく、むしろ輸出能力があり一部の国に好まれる大豆粕であろう。

　MP州の生産性は、大豆生産の中心である州西部のマールワー（Malwa）地区

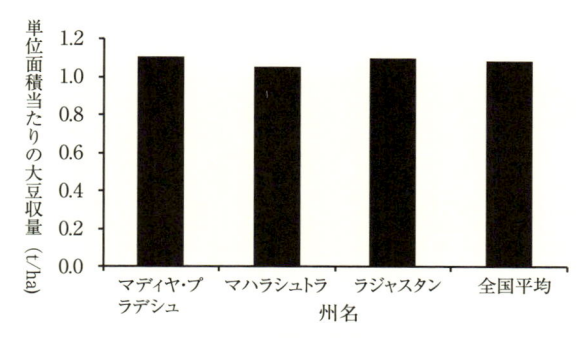

第5章 インド農業の展開とフードシステム

図3 インドの主要な大豆生産州における単位面積当たりの収量
(SOPA, 2010)

で最も高く、東部のリワ（Rewa）地区やサーガル（Sagar）地区で低いが、いずれもha当たり1.1トン前後で、州内の地区間差は0.1〜0.2トン程度と小さい（SOPA, 2010）。一方で、MP州の農業研究組織や一部の先進的な大豆生産農家では2〜3トンの単収を得ており、地区間差よりも生産者間の差が大きいと思われる。これは、MP州全体に生産性の低下要因が存在し、一般的な農民は適切な大豆栽培法を採用できていないことを示している。すなわち、生産性の低下要因の正確な把握と農民が受入れ可能な栽培法の開発・普及が、MP州とインドの生産性向上にとって重要である。

日本の大豆の単収は、生産量の少ない四国で約1トンと、MP州とほぼ同程度であるが、生産量の多い九州や北海道では2トン以上に達する（農林水産省、2012b）。大きな地域間格差の要因の1つとして、主要な生産地では地域に適した品種・栽培技術の開発と普及に熱心に取組んでいることがあげられる。MP州でも各地域に適した栽培技術を開発し、農家まで普及できれば、単収の向上が期待できる。

（2）生産性低下の要因と技術開発の方向性

ブラジルは、インドと同様に低緯度の（亜）熱帯に位置し、雨期に大豆を栽培し、さらに、1960年代からその栽培が本格化した。現在、ブラジルは大豆栽培面

積で世界２位、生産量で２位で、その単収はha当たり2.9トンと高く（世界１位）、インドの約2.7倍に達している（農林水産省、2012a）。すなわち、ブラジルはインドと多くの共通点をもちつつも、その単収が世界トップクラスに入ることから、両国の差異を解析することで、インドにおける大豆の生産性低下の要因や改善法を見いだせるかもしれない。両国間には、歴史・経済・文化など社会面で違いがあり、間接的に栽培技術や生産性に影響を及ぼしているが、ここでは大豆の単収に直結する栽培環境・栽培技術の差異を２つほど推考する。

　両国の大豆栽培地の第１の差異は降雨パターンで、ブラジルでは雨期が約５ヶ月継続するが、インドでは約３ヶ月である。雨期の降雨総量はインドで1,100mm、ブラジルで1,060mmと大きく異ならないが、インドの雨期は期間が短いため月当たりの降雨量は約360mmでブラジルの1.7倍となり、この値は日本（東京）の梅雨時期より多い（Government of India, 2012b; Climatemps.com, 2012; 気象庁、2012a、2012b；図４）。この降雨期間を反映してブラジルでは、120〜130日で収

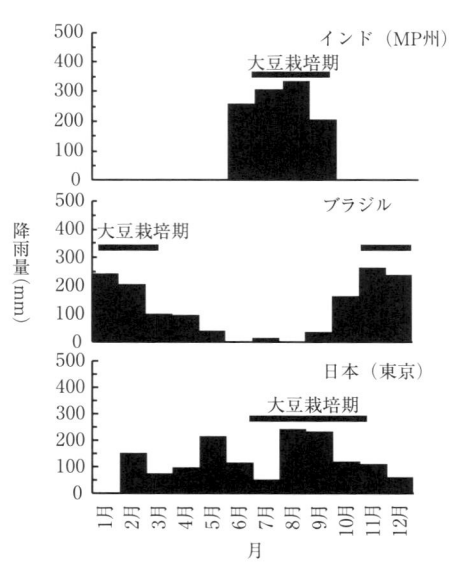

図４　インド、ブラジルおよび日本の降雨量の年間変動

（Government of India, 2012; Climatemps.com, 2012; 気象庁、2012a、2012b）

第5章 インド農業の展開とフードシステム

写真1 インド（MP州、左）とブラジル（パラナ州、右）の大豆

写真2 インド（MP州、左）とブラジル（パラナ州、右）の大豆畑の地形

穫まで至る中生品種が栽培され、播種から開花までの栄養成長期間は約90日、草高が約90cmに至る一方、インドでは85～100日タイプの極早生品種が主体で、栄養成長期間は約60日、草高は約40～50cmと低い（**写真1**）。インドの場合、播種後の環境不良により初期生育が抑制されると、それを回復する間もなく開花と登熟に至るため、結果的に低収量にもなりやすい。さらにインドの大豆育種家は早期に雨期が終わるリスクを懸念して、大豆品種のさらなる早生化に取組んでおり、現時点では栄養成長期間を延ばすための品種・栽培体系は想定されていない。大豆の単収の増加と安定化にとって栄養成長期間の延長や確保は避けられない課題であり、インドでは今後、栽培法の開発と育種の両方の面からこの課題に取組む必要があると思われる。

　第2の違いは土地又は土壌で、ブラジルの大豆栽培地帯は北海道の富良野のようななだらかな丘陵が延々と続き、土地の自然排水力が高い一方で、インドでは土地の斜度が小さく、一見平地に見えて排水力は高くない（**写真2**）。また、MP

写真3　MP州における降雨後の大豆畑（左）と大豆の湿害（右）

州の土壌の大部分はVertisolと呼ばれるアルカリ性の重粘土質黒色土壌で、土壌中の水の動きが少ないと言われる。ところで、栄養生育期の大豆は土壌の加湿により、生育が著しく抑制される。MP州ではこの時期の降雨量が多く、且つ土地や土壌の排水性が弱いため、湿害が生じ十分な栄養成長を確保できていないと思われる（写真3）。すなわち、MP州での単収の増加のためには、土地の排水性や大豆の湿害回避能力を強化すべきである。その手法として、第1に湿害回避に適した耕起法（例：畝立て）、第2に早播きが考えられる。後者の場合、慣行より数週間ほど早く大豆を播種し、栄養成長期と土壌の加湿の同期化を避けられる。この早播きにより、前段で指摘した栄養成長期の確実な確保をはかる事ができる。

　第2節（1）で述べたように、MP州の研究・普及機関が試験的に大豆を栽培すると、収量が2トン以上に達する場合が多いが、これらの試験の多くでは栄養生育期間と湿害対策が確保されている。しかし、州の研究者・普及員と議論してもこの点を重要視しているとは言い難く、むしろ現状の短い生育期間と湿害を自然現象の一部として甘受しているように感じる。研究者・普及員が他国と比較しながら、MP州の大豆栽培上の問題点を把握・理解することが重要と思われる。

（3）研究、普及体制

　MP州では2つの州立農業大学（通称、JNKVVとRVSKVV）が研究と普及を実施している。これら農業大学は、教育と研究を担当する9の農業単科大学と、普及を担当する41の農業研究センター（通称、KVK。研究員4〜5名を配属）

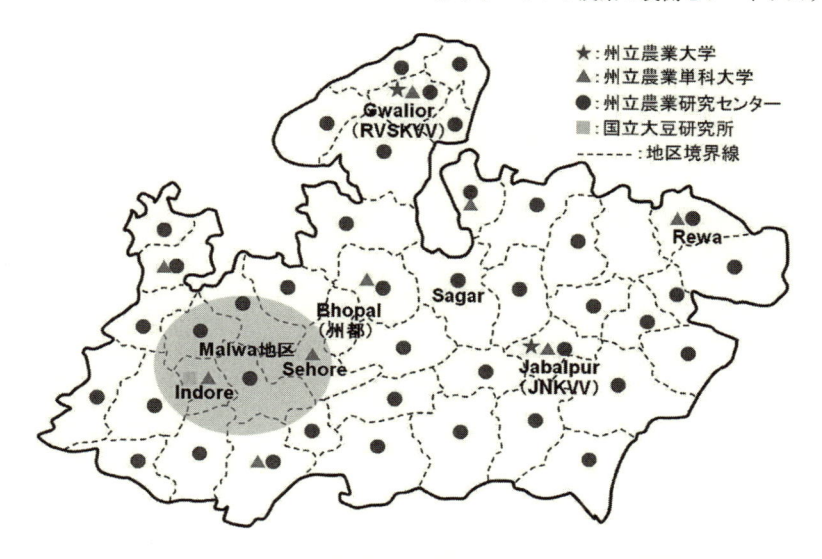

第5章　インド農業の展開とフードシステム

図5　MP州内の大豆研究・普及機関の配置図

で構成されている。農業大学には、インド農業研究会議（ICAR）の全インド連携研究プロジェクト（AICRP）により、計2つの大豆研究チーム（1チーム4〜6名の研究員で構成）が設置されており、インドールの国立大豆研究所と合わせて州内に3つの大豆研究拠点がある（**図5**）。しかし、MP州の広大な大豆栽培面積を我が国と比較しながら考えると、この研究・普及体制は脆弱である。さらに過去20年あまりの採用抑制により、大学研究者数の大幅な減少と高齢化が進み、大豆研究やその技術普及に積極的に取り組める環境とは言い難い。農業大学傘下の農業研究センターの他にも、州政府の農業局内に農業普及員が配置され普及に取組んでいるが、両者の協力関係は十分とは言えない。以上のことから、MP州の低い大豆単収の要因の一つとして、研究・普及体制の脆弱さがあり、改善の見通しも立っていないと言える。

　州内の3ヵ所の大豆研究拠点では、品種から耕起・施肥・病虫害まで様々な分野を対象に、各種の試験研究が行われている。得られた情報・技術はまとめて、栽培パッケージとしてKVKの普及員により農家に指導されているが、パッケー

ジの構成技術と農家の利用技術との格差は非常に大きい。研究者・普及員はパッケージとして全技術の導入を奨励するが、農家にとって現実とのギャップが大きく、全ての奨励技術は採用できない上に、どの技術を優先すべきか解りにくいと感じている。研究者・普及員も、栽培パッケージのうちどの技術が最も単収の増加に寄与するのか、優先すべきか把握できていない。今後は各奨励技術を分野横断的に評価し、優先順位の高いものから農家に戦略的に指導する必要があろう。

　研究・普及体制が脆弱で改善の見通しがないこと、奨励技術と農家の現状のギャップが大きいことに鑑みて、今後は重要性の高い技術の選定とその重点的な普及が必要と思われる。MP州を含むインドの大豆栽培は単収増加の余地と栽培面積が大きいため、技術開発・普及が効果を発揮すれば、フードシステム上のプレゼンスが大きく高まる可能性がある。

4．JICA技術協力プロジェクト「マディヤ・プラデシュ（MP）州大豆増産プロジェクト」

（1）プロジェクトの概要

　繰り返しになるが、MP州の大豆栽培は単収増加の余地が大きく、仮に現在の単収が日本や中国と同等まで向上すると、インドの大豆油の輸入量を削減できる上に、大豆粕の輸出能力も向上する。またMP州には農業以外の産業が少ないため、大豆収量の増加は特に小規模・貧困農家にとって主要な所得向上の方法である。このような背景のもと、2008年からMP州政府・州立農業大学およびJICAの3者がプロジェクトの立案を本格的に開始し、2011年6月にMP州大豆増産プロジェクトが「小規模貧困農家のための大豆栽培体系の構築」を目標として開始された。現在当プロジェクトは、小規模貧困農家の現状を考慮しながら、次節で紹介するように、大豆の収量の増加と農業資材投入量の低減のための活動を行っている。

第5章　インド農業の展開とフードシステム

（2）収量増加のための耕起法、播種法

　MP州の大豆収量の増加にとって栄養生育の確保が重要であり、そのためには以下の2つの方法が考えられる。一つは、乾季の終わりに大豆を播種し、発芽・生育させる早播きである。万が一、雨期の到来が遅れた場合、灌漑を行う必要がある。もう一つは、雨期開始直後に耕起作業を簡略化した簡易・不耕起播種を行って、播遅れを最小化することである（**写真4**）。この場合、灌漑水は不要であるが、トラクターや不耕起播種機などの農業機械が必要となる。MP州では雨期開始後に、約2～3週間かけて耕起と播種を行っており、これらの早播き・播き遅れ防止に向けた取組みは少ない。

　次に、排水性や湿害回避の強化であるが、この強化のための畝立て同時播種法

写真4　適期に播種した大豆（左）と播き遅れた大豆（右）

写真5　MP州で使用される播種機（左）と降雨により消失した畝（右）

が既に開発・検証されており、必要な播種機も発売されている。ところが、畝立て播種を行った圃場を観察すると、当初から畝や溝の高さ・形状が不完全か、又は雨期の継続とともに早急に消失していく（**写真５**）。今後は同播種機の改良が必要であろう。さらに、排水対策の一つとして明暗渠の施工もあるが、MP州では大豆圃場に明渠を作成する農業機械が販売されていない上に、簡易な暗渠を作成するサブソイラーも現在のトラクターでは十分に牽引できない。明渠を作成する溝掘り機や新たなサブソイラーの導入、又は現地製サブソイラーの改良が必要である。

今まで大豆増産プロジェクトの中で、早播き・畝立て栽培および明渠の導入を実施したところ、大豆の生育が大幅に向上していることから、今後はこれらの栽培法を実現する農機の開発・改良に取組む予定である。

（３）生産コスト低減のための土壌、病虫害管理法

大豆栽培農家では、奨励量を下回り、且つ一部の必須元素が欠如した化学肥料を種子と混合して、施用することが多い。その一方で、根粒菌やリン可溶化菌などの微生物資材の使用も散見される。また、殺虫剤を始め化学農薬の散布は多くの場合、降雨の中で行われる（**写真６**）。この様な不適切な肥料・農薬の利用形態では、期待される効果が得られているか疑わしい。さらに、現在のMP州の環境条件や農家の経済状況を考えると、資材依存型の栽培法が妥当であるか疑問である。再度、各資材の効果を科学的に検証し、且つ経済的に評価して、農家に奨励すべき資材とその量を検討する必要がある。資材の削減は単収の増加には結びつかないものの、特に小規模貧困な農家にとって所得向上の手段になると思われる。

写真６　MP州における農薬散布

例えば、大豆農家の多くは播種後約３〜５週間目の生育初期に化学農薬を圃場全体に散布することを毎年のルーチン作

業として実施している。すなわち、病虫害が圃場でほとんど観察されていない状態や雨天にもかかわらず、盲目的に毎年同じ時期に化学農薬の大規模散布を実施している農家が多い。病虫害の発生の少ない場合は散布を控えたり、雨天時の散布を実施しなければ、化学農薬の消費量が抑制され農家の所得向上につながる。また、浸透性農薬を播種前の種子に処理すると、その効果は約30日間持続すると考えられ、生育初期の化学農薬散布を削減できる可能性がある。化学農薬の削減により、天敵昆虫の活動が活性化され、農業生態系の多様化も期待できる。今後、大豆増産プロジェクトでは、農薬の適時散布を実現する虫見版の作成や種子処理の有用性の評価をおこなっていく予定である。

（4）小規模農家のための大豆栽培法

　小規模農家とは所有農地が2ha未満の農家である。仮に農地2haを所有し、大豆総収量が2.2トン、トン当たり500USドルで売却したとすると、売上額は1,100USドル（日本円で約8.8万円）であり、生産コストの増加には限界がある。大型トラクター・高性能作業機・点滴灌漑設備などを導入すれば、比較的簡単に大豆の収量を増加させることが可能であろうが、生産コストの大幅な増加を伴うため、大部分の小規模農家は採用できないと思われる。現在の生産コストを増やさずに単収を向上させる栽培体系が求められている。

　大豆増産プロジェクトで行った農家からのヒアリングによると、小規模農家の約7～8割は、既に耕起や播種作業を機械化しており、灌漑水を利用できる状態にある。そのため、農業機械の利用による排水対策や湿害回避や灌漑水を利用した早播き技術は、小規模農家に受入れられる可能性がある。しかし、小規模農家が単独で改良した農機を購入したり、新たな栽培技術に取組む余裕があるとは思えない。そこで、まずは大規模や中規模農家で改良した農機や栽培法を導入して、雇用されている小規模農民の理解や技術力を向上させる戦略が現実的であろう。小規模農家は新たな農機を大規模農家や公的な農機リース部門を通じて利用することが想定される。

　過去2年間にわたり日本人研究者がMP州の大豆畑を調査しても、肥料欠乏や

病虫害の深刻な発生は観察できていない。今後は、試験圃場や農家圃場で各資材の効果を科学的に検証しつつ、コストに見合う効果のない、又は、副作用の伴う資材は、過去の奨励にとらわれず不使用を検討してもよい。現在まで、州立農業大学では農業資材の削減に向けた取組みが少なく、むしろ増加を前提とした技術や栽培パッケージを構築してきた。小規模農家のためにも、各農業資材の効果を再調査し、可能な限り削減することが期待される。

5．おわりに

インドの大豆生産地は半乾燥亜熱帯気候に属し、気温は温暖で作物栽培に適している。さらに、大豆栽培期には1,000mm前後の降雨があり、水不足の状態とは言えない。問題は降雨が雨期の３カ月に集中しているため、排水や利水を怠ると、土壌が極端な加湿状態になるとともに作期が短くなり、結果的に作物に湿害や生育不足が生じることである。小規模農家が多い、技術開発・普及の体制が脆弱など問題はあるが、低い単収の要因を正確に把握して、それを解決する技術開発・普及を重点的に行えば、インドの大豆の単収はブラジルなどの生産国と比較して遜色のないレベルまで向上する可能性がある。大豆単収が増加することで、インドの大豆油の輸入を削減できるとともに、大豆粕の輸出能力が高まり、特にその輸入に依存する我が国にとって、インドのフードシステム上のプレゼンスは高まると思われる。

引用文献
CICR（2012）Cotton Database http://www.cicr.org.in/Database.html
Climatemps.com（2012）http://www.brazil.climatemps.com/
Government of India（2012a）Minimum support price of soybean, http://www.theteamwork.com/articles/2016-2092-government-india-minimum-support-price-soybean.html
Government of India（2012b）"Monthly rainfall-Madhya Pradesh," http://www.imd.gov.in/section/hydro/distrainfall/mp.html
ICRA（2011）"Indian edible oils industry: Key trends and credit implications,"

ICRA Rating Feature, July 2011.
Indicat Finance (2012) Soybean Mandi Rates, http://www.indicat.com/Market-Rates/Commodity-Rates/Soybean
Shurtleff W. and Aoyagi A., (2007) "A special report on the history of soybeans and soyfoods in the Indian subcontinent and around the world", A chapter from the unpublished mamuscript "History of soybean and soyfoods: 1100 B.C. to 1980s," Soyinfo center, Lafayette, California. http://www.soyinfocenter.com/HSS/indian_subcon2.php
SOPA (2010) Area & production estimates of soybean in India Kharif (monsoon) 2010, Scheme No. 53, Ref. SOPA/2.11/JSP/2010/30
SOPA (2012) "India's soybean hectares planted 1981-1982/2009-2010," http://www.sopa.org/st1.htm
気象庁 (2012a)『過去の気象データ検索-東京6月の平年値』, http://www.data.jma.go.jp/obd/stats/etrn/view/nml_sfc_d.php?prec_no=44&block_no=47662&year=&month=6&day=&view=
気象庁 (2012b)『過去の気象データ検索－東京7月の平年値』, http://www.data.jma.go.jp/obd/stats/etrn/view/nml_sfc_d.php?prec_no=44&block_no=47662&year=&month=7&day=&view=
日本飼料工業会 (2012)『主要資料穀物の輸入先と相手先国』, http://www.jafma.or.jp/japan_capital.htm
農林水産省 (2012a)『主要国の大豆生産状況』http://www.maff.go.jp/j/seisan/ryutu/daizu/d_data/pdf/014_seisan_world.pdf
農林水産省 (2012b)『都道府県別生産状況』, http://www.maff.go.jp/j/seisan/ryutu/daizu/d_data/pdf/002_kenbetsu.pdf

第6章

インド農業の展開とフードシステム
―青果物を事例として―

ザイデン　サフダ・宮部　和幸

1．はじめに

　本章では、インド農業の中において近年需要が拡大している青果物のフードシステムに焦点をあてて、青果物の生産と流通とその輸出の動向を概観する。次にインドの青果物の中でも主要品目であるタマネギ、トマト及びブドウの3品目を取り上げて生産・流通の実態を把握し、最後に、青果物のサプライチェーンが直面する課題を明らかにすることにしたい。

2．インドにおける青果物の生産と流通の動向

（1）青果物の生産と消費

　インドにおける青果物の栽培面積は1,172万ha、その年間生産量は1億5,073万トンに達し（2005年）、世界第2位の生産量を誇っている（Mittal, 2007）。青果物の生産額は、国内農業生産額のおよそ28％、インドの農産物輸出額の54％を占めるなど、インド農業において青果物部門の比重は極めて大きいといえる。
　一方、青果物の消費に目を転じると、経済発展とともにインド国内における青果物の消費は年々増大してきている。1990年以降、インド経済の自由化によって、国民経済は従来の供給重視から消費重視の方向にシフトしてきている。1人当たりの国民所得の増加は、青果物消費の増加をもたらしており、所得水準の向上が

表1　一人当たりの野菜と果物の年間消費量

(単位：kg)

		1983年	1987-88	1993-94	1999-2000
野菜	都市	50.8	56.9	64.5	79.1
	地方	46	50.2	59.8	74.3
	全国	47.6	52.4	61.5	76.1
果物	都市	4.2	15.7	25.4	15.6
	地方	2.8	9.7	15.7	9.6
	全国	3.2	11.7	19.3	11.8

資料：*The National Sample Survey Organization*（2007）

青果物消費の増加の要因になっていることがいくつかの研究によって明らかにされている（荒木、2008・2009）。

表1は、インドにおける野菜と果物の1人当たりの年間消費量を、インド経済の自由化以前の1980年代前半から、自由化が進展した2000年までの期間についてその変化を示したものである。1983年の野菜の年間消費量は都市では50.8kg、地方では46kg、そして全国平均では47.6kgであったものが、2000年には都市で79.1kg、地方で74.3kg、全国平均で76.1kgにそれぞれ大幅に増加していることがわかる。こうした野菜の消費増加に比べて、果物の消費増加のスピードは野菜よりも一段速いことがわかる。特に都市部における果物の消費は、1983年4.2kgから2000年15.6kgへと4倍近くに増加しており、全国平均でも1983年の3.2kgから2000年には11.8kgに急増している。

インド経済委員会（2007年）によれば、青果物の消費は今後とも増加することが予測されており、野菜の1人当たり消費量は2000年の76kgから2020年には102kgに増加し、果物のそれは12kgから19kgへ、総消費量では、野菜が7,915万トンから1億3,725万トンに、果物が1,237万トンから2,547万トンに増加する見通しである。

こうした青果物の消費の増大は、インド国内における穀物等の生産農家に対して、野菜や果物への作目転換のインセンティブとして働いている。**表2**は、インドにおける今後の青果物生産の見通しを示したものである。注目すべきは、野菜や果物の栽培面積が増加することよりも、生産性の向上、とりわけ野菜の単収が増加するという点である。

第6章　インド農業の展開とフードシステム

表2　インドにおける青果物生産の見通し

		栽培面積 (100万ha)	生産性 (トン/ha)	生産量 (100万トン)
野菜	1999-2000年	5.82	14.4	83.8
	2010-2011	6.49	20.2	131.1
	2015-2016	6.49	23.5	152.5
果物	1999-2000	3.74	11.8	44.3
	2010-2011	4.43	15.1	66.9
	2015-2016	4.43	16.9	74.9

資料：*Kumar and Kumar 2003*, Published in August 2007, ICRIER (India Council for Research on International Economic Relations)

（2）青果物の輸出

インドにおける青果物の生産・流通は、これらの国内供給だけにとどまらない。先述したように、インドの青果物は、農産物のなかでも主要な輸出品目として位置づけられている。図1は、インドで生産されている青果物の地域別の輸出状況を示したものである。輸出先の中でも同じ「南アジア」への輸出は、青果物輸出全体の34％を占めて最も多く、次いで「中東」29％、「東アジア」17％、「西ヨーロッパ」10％、アメリカ・カナダなどの「北米」1％、「その他」の7％となっ

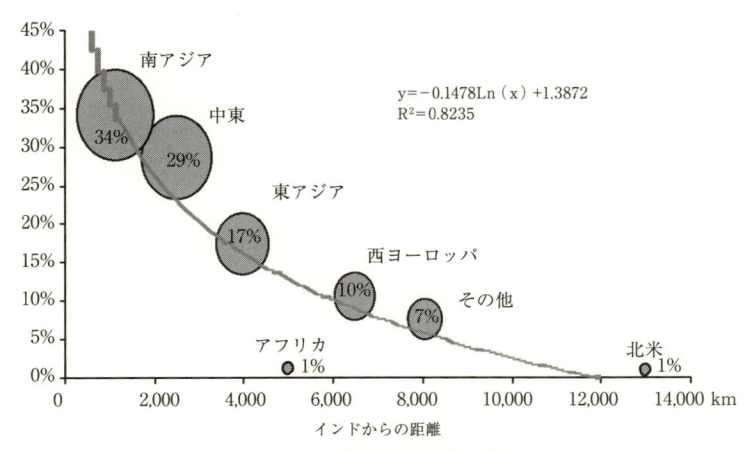

図1　インドの青果物の地域別輸出状況

回帰式: $y = -0.1478 \ln(x) + 1.3872$
$R^2 = 0.8235$

資料：*A Case Study of India's Horiticulture*, The World Bank (2005)

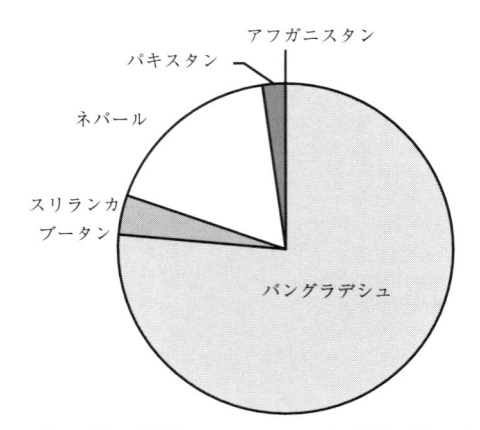

第Ⅱ部　フードセクターの諸相と展開

図2　南アジア地域へのインドの青果物（主に果物）の輸出状況

資料：*UN Com-trade, HS data 2006 (Value in US$)*

ている。インドの青果物輸出は、南アジア、中東諸国を中心としながらも、かなりの拡がりがあることがこの図からも読み取れる。

その主な輸出国である南アジア諸国に着目すると、隣国のバングラデシュとネパールが主な輸出先となっており、なかでもバングラデシュは最も主要な輸出パートナーであり、これにネパールが続いている（図2）。インドは南アジア地域協力連合（SAARC）に加盟している地域にかなりの量の青果物を輸出しており、インドとパキスタンとの連携関係（Indo-Pak）が確立すれば、パキスタンもより重要な貿易パートナーになるものと思われる。2005年、パキスタンへはトマト、タマネギなどの青果物が1,590万USドル輸出されており、また、中東地域への青果物の輸出割合は全体の3分の1を占め、野菜は3,900万USドル、果物は1億8,560万USドルとなっている。

3．主要品目別の生産・流通

（1）タマネギ

インドのタマネギ生産は、中国（約2,500万トン）に次いで世界第2位の生産

第6章 インド農業の展開とフードシステム

表3 州別にみたタマネギの生産状況

州	栽培面積 （千ha）	生産量 （千トン）	収量 （トン/ha）
アーンドラ・プラデーシュ	29	519.5	17.91
グジャラート	49.1	1479.3	30.12
ハリヤーナー	19.9	294.7	14.8
カルナータカ	116.1	586.9	5.05
マディヤ・プラデーシュ	27.8	382.4	13.75
マハーラーシュトラ	110.5	1358.9	12.29
オリッサ	3.7	30.9	8.35
ラージャスターン	32.3	222.6	6.89
タミル・ナードゥ	23.5	211.2	8.98
ウッタル・プラデーシュ	21.2	245.8	11.59
その他	32.6	252.6	—

資料：*Agriculture Statistics at a Glance 2005, Indian Ministry of Agriculture.*

量（約1,600万トン）を誇っており（FAO、2011年）、このうちのかなりのタマネギが近隣諸国に輸出されている。タマネギは、インドの日常料理に欠かせないものであり、青果物のなかで最も重要な品目の一つである。

表3は、インドのタマネギ生産の主な州（地域）における生産状況を示したものである。インドにおけるタマネギ生産は、アーンドラ・プラデーシュ州、グジャラート州、カルナータカ州、マディヤ・プラデーシュ州、マハーラーシュトラ州、タミル・ナードゥ州、ウッタル・プラデーシュ州などがあげられ、インド東北部以外の多くの地域で生産されている。なかでもインド西部のマハーラーシュトラ州とグジャラート州の生産量が多く、インドのタマネギ生産を牽引している。インド南部のカルナータカ州は、栽培面積では国内随一であるが、1ha当たりの収量では、グジャラート州（30トン）のわずか6分の1（5トン）に過ぎず、地域によって生産性に大きな格差が存在することがうかがえる。

タマネギは、国内市場において大量の消費が見込まれる品目であり、その需要は、ヒンズー教の「ホーリー」（春祭り・3月）や「ディワリ」（光の祭り・10-11月）だけでなく、イスラム教徒の祭事などの特別な行事および祭りの期間に増える傾向がみられる。

インドにおけるマンディ（伝統的な卸売市場、詳細については後述する）は、卸売物価の指標となる。表4は、こうした主要都市の卸売市場におけるタマネギ

表4 主要市場におけるタマネギの月別卸売価格（2006年・kg当たり）

（単位：インド・ルピー）

都市＼月	1	2	3	4	5	6	7	8	9	10	11	12
アーグラー	12	10.8	8.1	7.2	7.1	8.2	10.4	19.2	22.1	20	23.5	29.15
アフマダーバード	9.3	6.3	5.8	5	5.2	7	7.9	8.8	8.7	9.5	12.8	17.3
アムリトサル	9.3	6.3	5.8	5	5.2	7	7.9	8.8	8.7	9.5	12.8	17.9
バンガロール	13	9	9.5	8.2	8.3	12	11.7	12.6	13.2	11.8	18.5	23.1
ボーパール	10.1	8.3	7.8	6.2	4.8	6.8	10.6	9.9	9.9	10.7	9.3	14.2
チェンナイ	12.8	10.8	10.4	10.1	9.3	11.8	12.7	12.1	12.4	13.37	15.6	20
デリー	12.32	9.82	8.72	8.27	8.1	9.25	11.1	11.7	12.7	14	13.47	19.1
ハイダラーバード	9.9	7.9	6.4	5.8	6.15	9.37	9.72	10.8	9.57	12	11.22	16.4
ライプル	11.5	8.9	8.1	7	6.2	7.97	8.82	8.95	9.2	12.32	12.12	16.65
コルカタ	14.12	10.9	9.17	11.3	9.65	13.3	14.7	16.5	17	16.6	17.8	21.8
ムンバイ									10.6	12.1	17.6	19.8
パトナー	13.37	10.3	8.8	10	8.25	10.7	12	13	11	8.9	16.4	21.8
プネー	9.8	11.2	6.4	6.37	7	9.1	9.35	10.8	11.4	12.87	15.15	23.15
スーラト	8.92	7.35	6.55	7.47	23.3	8.1	8.1	11.8	9.7	10.67	15.35	17.66

資料： *Indian Horticulture database.*
注：為替レートでは1ルピーが2.5679円（2006年）である。

の卸売価格を示したものである。総じて10月から12月にかけては、いずれの地域の卸売市場でもタマネギの卸売価格は高くなっていることがわかる。ただし、地域別にみても、月別にみても大きな価格差が生じており、大きな価格変動が生じていることが読み取れる。

インドのタマネギの輸出は、外貨獲得のための重要品目である。南アジア諸国と中東は、タマネギの主要な輸出先であり、特にバングラデシュには6,170万USドルが輸出されている（2005年）。**表5**は、中東諸国へのインドのタマネギ輸出額の推移を示している。なかでもアラブ首長国連邦は主要な輸出先であり、年間1,660万USドル（2005年）、次いでバーレーンの216万USドルとなっている。また、2000年以降の推移をみても、中東向けはアラブ首長国連邦への輸出が主になっていることがわかる。

タマネギが不足する時期には価格が高騰するため、インド政府は常にタマネギの国内外の取引を注視している。政府の支援の下に、全国農業協同組合マーケティング連盟（NAFED：National Agricultural Cooperative Marketing Federation of India Limited）は、こうしたタマネギの国内外での適正な取引に誘導する活動を展開しており、最小輸出価格は月単位でNAFEDによって決められて

第6章 インド農業の展開とフードシステム

表5　中東諸国へのタマネギの輸出の推移

(単位：1,000US ドル)

	2002年	2003	2004	2005
バーレーン	2,926	5,094	3,379	2,156
イラン	1	-	-	24
イラク	-	-	37	-
ヨルダン	-	10	-	-
クェート	173	808	538	904
オマーン	206	383	487	183
カタール	358	135	499	950
サウジアラビア	1,926	2,112	1,306	863
アラブ首長国連邦	13,697	19,016	16,342	16,679
イエメン	-	-	-	97

資料：*UN com-trade 2008.*

いる。NAFEDはまた、市場が供給過剰の時には農家の価格支持を行う一方、価格高騰時には国内消費者の利益を保護するなど、価格のコントロールにも取り組んでいる。

(2) トマト

　トマトはタマネギと並ぶインドにおける主要野菜の一つであり、その生産量は中国に次ぐ世界第2位の位置にある。露地トマトは、インド国内で広く栽培されているが、施設トマトの生産は極めて少ない。栽培されているトマトは、支柱を使用しない背の低いブッシュ系品種が主で、ごく限られた施設栽培のトマトでは、支柱が必要なヴァイン系の新品種が栽培され始めている。

　インドが対外開放政策に方向転換して以降、多くの国際的な種苗会社が新しい品種のトマトを開発しており、また育種家、農業試験機関などではローカル品種の種子を生産者に提供しており、数多くの地方品種がインド国内には存在している。

　その主な品種としては、次の*Vaishali*（中玉トマト、ハイブリッド）、*Rupal*（加工用赤玉フルーツ系トマト、ハイブリッド）、*Rashmi*（加工用トマト、ハイブリッド）、*Rajni*（輸送に適した赤玉トマト、栽培期間が短い）、*Pusa Ruby*（生食用・加工用としても可能、栽培期間が短い）、*Sioux*（中玉のフルーツトマト）、*Marglobe*（完熟トマト）などがある。

表6　州別にみたトマトの生産状況

	栽培面積（千ha）			生産量（千トン）			生産性（トン/ha）		
	2003-4	2004-5	2005-6	2003-4	2004-5	2005-6	2003-4	2004-5	2005-6
アーンドラ・プラデーシュ	77.1	69.5	76.5	924.9	1251	1453.5	12	18	19
オリッサ	100.2	100	100.4	1,329.9	1,330.8	1,332.2	13.3	13.3	13.3
カルナータカ	37	43.2	44.5	1,025	1,142.4	1,188.1	27.7	26.4	26.7
マハーラーシュトラ	32.1	33.5	35	892	884	987	27.8	26.4	26.2
西ベンガル	47.6	46.1	50	748	694	857.2	15.7	15.1	17.2
ビハール	45.3	46	46	588.4	735.8	727.2	13	16	16.8
グジャラート	18.8	22.8	29.3	321.4	421.4	650	17.1	18.5	22.2
チャッティースガル	20.2	20.7	29.2	302.3	217.6	365.8	15	10.5	12.5
マディヤ・プラデーシュ	-	21	20.4	-	314.8	306.7	-	15	15
タミル・ナードゥ	-	25.3	22	-	321.5	277.7	-	12.7	12.6
ハリヤーナー	-	13.8	17.1	-	219.7	257.9	-	16	15
その他	124.5	63.3	64.1	1,993.1	1,290.9	959.1	16	20.4	15

資料：*National Horticulture Board of India 2008.*

　トマトもタマネギと同様に、インド国内の多くの州（地域）で生産されている。なかでもオリッサ州とアーンドラ・プラデーシュ州はインドのトマト生産を主導しているが、**表6**はその主な州別の生産状況を示したものである。2005-2006年のオリッサ州のトマト収穫面積は100,400ha、アーンドラ・プラデーシュ州のそれは76,500haであり、両州で国内生産（534,500ha）の33％を占めている。生産量をみても、オリッサ州（133万トン）、アーンドラ・プラデーシュ州（145万トン）、カルナータカ州（119万トン）の3つの州で100万トンを上回っている。

　トマトの生産者価格は、近年上昇傾向にあり、トン当たりの価格でみると、2002年の153.45USドルから、2004年164.24USドル、2006年には196.07USドルと一貫して値上がりしてきている（FAO，2008年）。

　青果物の卸売市場における月別の卸売価格をみると（**表7**）、1kg当たり4.45ルピー（アフマダーバード：アーンドラ・プラデーシュ州の1月）から、48.92ルピー（コルカタ：カルカッタ州の6月）のように大きな価格差が存在している。また、小売価格は、デリー（2008年）は、40ルピーから60ルピーで推移しており、8月から12月の小売価格は、1月から5月のそれよりも高値で推移している。

　一方、インドにおけるトマト輸出はそれほど成功しているとはいえない。国連商品貿易統計のデータベースによれば、インドから生鮮トマトを定期的に輸入し

第6章 インド農業の展開とフードシステム

表7 主要市場におけるトマトの月別卸売価格（2006年・kg当たり）

（単位：インド・ルピー）

都市＼月	1	2	3	4	5	6	7	8	9	10	11	12
アーグラー	7.87	8.27	17.4	10.45	12	36.92	26.52	26.87	29	25.2	21.22	17.27
アフマダーバード	4.45	5.42	5.52	5.95	13.2	30.5	21	20.5	24.67	23.37	17.85	18
アムリトサル	12	13.7	13.62	11.55	6.75	38	21	20.5	24.67	23.37	19.42	25
バンガロール	9.5	23	3.97	9.92	26.47	27.25	8.1	6.1	9.97	12.47	14.1	31
ボーパール	5.47	7.77	9	6	15.77	36.7	25	29.17	26.27	22.42	15.62	11.12
チェンナイ	10.4	7.87	5.57	13.3	29.2	26.75	7.7	7.32	14.4	14	15.47	27.97
デリー		9	11.75	15.52	10.65	8.67	30.17	19.87	25.57	30	23.92	20.6	19.65
ハイダラーバード	10	10	9.37	11.2	23.32	25.95	48.65	45.42	47.9	46.35	41.85	31.97
ライプル	9.57	13.1	14	9.42	9.15	19.7	23.97	23.82	27.3	22.2	18.67	20.5
コルカタ	17.9	7.6	7.57	8.27	23.82	48.92	29.4	30.62	36.7	33.92	29.42	34.57
ムンバイ									24.47	25.57	19.97	26.47
パトナー	10.2	5.15	4.97	6.6	9.2	44.5	35.65	35.32	37.87	30.4	26.72	21.77
プネー	7	7.2	8.17	9.88	15.22	31.12	15.95	22.85	22.12	22.92	14.12	23
スーラト	7.22	8.72	8.45	9.3	18.55	35.32	23	23.95	24.9	24.75	19.4	22.5

資料：*National Horticulture Board of India 2008*.

ているのはバングラデシュであり、アラブ首長国連邦にはごく少量しか輸出されていない。ちなみに、2005年のインドの生鮮トマトの輸出額は、バングラデシュ向けが645,000USドル、アラブ首長国連邦が125,000USドルである。

次に、トマトの加工についてみておこう。インドにおけるソース市場ではケチャップが大部分を占め、その伸び率は年々高くなっている。インド料理には、「チャツネ（chutney）」といわれる野菜や果物に香辛料を加えて煮込んだり、漬けたりして作るソースまたはペースト状の調味料が使用されている。ソースを料理につけて食べる習慣やその手軽さ、保存の良さなどから、ケチャップ類などのソースの消費が伸びている。加えて、ファストフードチェーンの市場拡大も、ケチャップの消費を後押ししているといえる（JETRO, 2012）。

1989年、ペプシは、パンジャーブ州政府が仲介役となって、インドで初めてトマトの契約生産を開始した。ペプシの強みは、缶詰トマト、トマトケチャップなどのように低価格のトマトの高品質化とその製品化であり、イタリアからトマトの付加価値生産の加工プラントを導入して取り組んでいる。その後、トマトの加工プラントは食料品・家庭用品メーカー、ヒンドゥスタン・ユニリーバ（*Hindustan Unilever Ltd*：*HUL*）に売却されており、現在、*HUL*のブランドである「*Kissan*」

のケチャップは市場シェアの4割を占めている。

（3）ブドウ

　ブドウの薬用としての使用は、古代インドの伝統医学（アーユルヴェーダ）の文献にも記載されており、インドにおけるブドウ栽培は、紀元前約1300年にペルシャから導入されてスタートしたと伝えられている。近世に入ってからは、キリスト教の宣教師たちが、1832年頃にタミル・ナードゥ州でブドウ栽培を開始している。

　インドのブドウ産地は、3つの地域に分類することができる。その1つは「亜熱帯（Sub-tropical）地域」であり、ウッタル・プラデーシュ州のデリー（Delhi）、メーラト（Meerut）、ハリヤーナー州のヒサリ（Hissar）とジンド（Jind）、パンジャーブ州のバティンダ（Batinda）、グルダースプル（Gurdaspur）、そしてルディアーナ（Ludhiana）など、北緯28度から32度に至る北西部平原に広がっている。しかし、この地域は、しばしば大雨による被害がトンプソンの種なしブドウ栽培に大きな影響を及ぼしている。

　2つは「熱帯（Hot-tropical）地域」で、マハーラーシュトラ州のナシク（Nasik）、サンギル（Sangil）、ソラプール（Solapur）、プネ（Pune）、サーターラ（Satara）、ラツール（Latur）、オスマーナーバード（Osamanabad）や、アーンドラ・プラデーシュ州のハイデラバード（Hyderabad）、ランガ・レディ（Ranga Reddy）、マブーブナガル（Mahbubnagar）、アナンタプラム（Anantapur）、メダック（Medak）、さらに北部カルナータカ州のビジャープル（Bijapur）、バガルコート（Bagalkot）、ベルガウム（Belgum）およびグルバルガ（Gulberga）である。これらの地域のほとんどでブドウ栽培が行われており、トンプソンの種なしブドウである*Annab-e-shari*、シェアード種なしとフレーム種なしのブドウが生産されている。

　3つは「穏やかな熱帯（Mild-tropical）地域」であり、具体的にはカルナータカ州のバンガロール（Babgalore）とコーラ（Kolar）、アーンドラ・プラデーシュ州のチトーラ（Chitoor）、タミル・ナードゥ州のマドゥライ（Maurai）とテ

第6章　インド農業の展開とフードシステム

表8　州別にみたブドウの生産状況

	栽培面積（千ha）			生産量（千トン）			生産性（トン/ha）		
	2003-4	2004-5	2005-6	2003-4	2004-5	2005-6	2003-4	2004-5	2005-6
カルナータカ	9.1	10.1	10.4	170.9	185.6	193.2	18.8	18.4	18.5
マハーラーシュトラ	41.1	43.8	45.1	1,163.1	1,233.9	1,275	28.1	28.2	28.3
パンジャーブ	1.2	1.2	1.1	33.7	32.3	30.2	28.1	27	27
ミゾラム	0.5	0.5	0.5	0.6	0.6	0.6	1.2	1.2	1.2
マディア・プラデーシュ	0.1	0.1	0.1	2.3	2.4	2.6	23	25	25
ジャンムー・カシミール	0.2	0.2	0.2	0.3	0.3	0.3	1.5	1.5	1.5
アーンドラ・プラデーシュ	1.8	1.9	1.9	35	37.8	40.3	19.4	20	21.2
タミル・ナードゥ	2.5	2.5	2.6	59.9	69.7	84.8	24	28.2	32.6
ハリヤーナ	0.9	0.1	0.1	8.5	1.4	3.3	9.4	10.5	33
その他	0.1	0.2	2.2	0.5	0.5	0.3	5	3.2	0.1

資料：*National Horticulture Board of India 2008.*

ーニ（Theni）である。この地域の主な品種は、バンガロールブルー（syd-*Issabella*）、*Annab-e-shari*、Gulabi（sys-*Muscat Hamburg*/マスカット・ハンブルグ）、および*Bhokri*である。トンプソンの種なしブドウはこの地域ではあまり生産されていない。

表8は、インドにおけるブドウの州別の栽培面積、生産量、生産性を示したものである。2005-2006年に着目すると、マハーラーシュトラ州の栽培面積は45,000ha、その生産量は1,275,000トンで、他の州に比べて栽培面積、生産量ともに飛び抜けて多い。インドにおけるブドウ生産は、マハーラーシュトラ州のブドウ栽培に依存しているといえる。

一方、生産性についてみると、2006年のマハーラーシュトラ州の1ha当たりの収量28.3トンに対して、タミル・ナードゥ州は同32.6トンと、その生産性に格差がみられる。また、ハリヤーナー州のブドウの収量が、2005年の10.5トンから2006年の33トンに急増している点も注目される。

次に、2006年度の主要卸売市場でのブドウの卸売価格を表9に示した。インドでは通常、卸売価格は40kg単位で表示されているが、ここでは比較のために1kg当たり価格に換算してある。ブドウは主に1月から6月にかけて取引されており、月別の価格差、そして地域（都市）別の価格差も小さくない。

インドで栽培・収穫されたブドウの多くは、ヨーロッパを中心に輸出されてい

第Ⅱ部　フードセクターの諸相と展開

表9　主要市場におけるブドウの月別卸売価格（2006年・kg当たり）

（単位：インド・ルピー）

都市＼月	1	2	3	4	5	6	7	8	9	10	11	12
アーグラー		62	47	47								
アフマダーバード			46	53	61	69						
バンガロール	61	58	53	58								
デリー	70	62	54	59	94							
ライブル	57	46	43	38	43	19					69.3	
コルカタ	87	71	64	64	99							102.2
プネー	134	68	56	55	84							
スーラト	41	37	32	48								

資料：National Horticulture Board India 2008.

表10　ヨーロッパ向けのブドウ輸出

（単位：1,000US ドル）

	2002年	2003	2004	2005	2006
オーストリア	39	145	105	415	1,650
ベルギー	-	27	321	566	1,361
フィンランド	40	179	165	1,801	2,170
フランス	-	10	27	21	5
ドイツ	3,342	8,018	7,132	10,853	12,387
アイランド	496	309	326	73	212
オランダ	3,926	6,730	4,892	16,785	23,843
スペイン	10	-	-	-	27
イギリス	11,182	11,207	9,173	15,917	18,277

資料：UN Com-trade 2008.

る。表10は、生鮮と乾燥ブドウのヨーロッパ諸国向けの国別輸出額であり、オランダ、イギリス、ドイツなどの国々に輸出されている。

　ブドウの輸出においてトレーサビリティは、EU諸国への輸出の前提条件の一つであり、その要件を満たすために、インド政府はEU市場への農産物輸出に必要不可欠なソフトウェアの開発・提供を実施している。

　2008年以降、インド政府はブドウをワインに加工して付加価値製品を高めるために、グレープ・ワイン局（Grape and Wine Board）を設立した。輸入ワインは、国内ワインに比べて約5倍もの価格差があり、国産のワイン生産は増え続けるワイン需要に十分に対応できていない。このため、ブドウ・ワイン局は、国内のワイナリーを容易に設立できるように、生産者に対してブドウやワインに関する専門知識等の提供を実施している。

4．青果物のサプライチェーン

（1）伝統的なサプライチェーン

インド経済の自由化は、青果物のサプライチェーンにも大きな影響を与えている。経済の自由化以前は、仲買人（問屋）、仲介業者および民間金融業者が、青果物のサプライチェーンにおいて重要な役割を果たしてきた。1990年の経済改革の後、契約農業がインドに導入され、その契約栽培システムは、従来の方法とは異なるサプライチェーンを形成することになった。スーパーマーケットの小売システムもまた、異なるサプライチェーンを持つ独自の購買システムを展開してきた。

とはいっても、依然として伝統的な青果物のサプライチェーンは根強く存続しており、仲買人や民間金融業者の影響力は根強い。時として仲買人や民間金融業者が市場価格をコントロールすることがある。伝統的なサプライチェーンでは、農家の青果物は村レベルで集荷されたのち、マンディ（Mandi）と呼ばれる市場に輸送される。仲介業者は、小売店や2次（サブ）の卸売業者等に再販する卸売業者に青果物を販売する。図3は、これらの伝統的な青果物のサプライチェーンを示している。市場の仲買人は、スーパーマーケットの販売エージェントにも青果物を販売している。

また、前出の農家によって組織されている全国農業協同組合マーケティング連盟（NAFED）は、青果物のサプライチェーンに組み込まれている。1958年に設立されたNAFEDは、農家からの購入を通じて供給量とその価格に直接影響を与えることができる。先述したように、タマネギの貿易に関しては、その最低輸出価格がNAFEDによって決定されるなどの貿易管理的側面を持ち、国家レベルで農産物の生産者の希望販売価格に対応することを目指している。

第Ⅱ部　フードセクターの諸相と展開

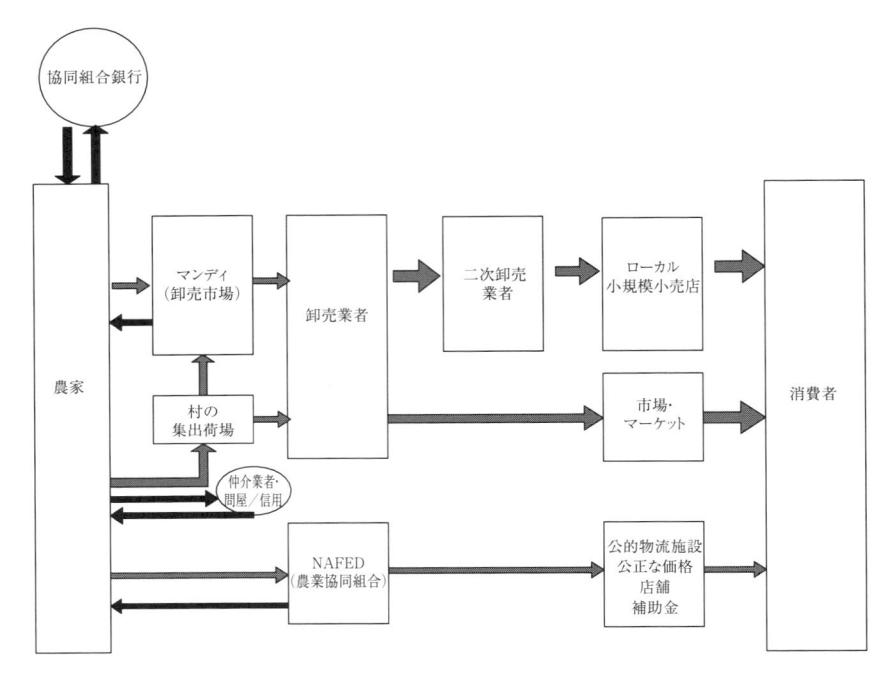

[図：伝統的な青果物のサプライチェーン。農家、協同組合銀行、マンディ（卸売市場）、村の集出荷場、仲介業者・問屋／信用、卸売業者、二次卸売業者、ローカル小規模小売店、市場・マーケット、NAFED（農業協同組合）、公的物流施設・公正な価格店舗・補助金、消費者の関係を示す]

図3　伝統的な青果物のサプライチェーン

（2）組織化小売業の展開に伴う新しい流通システム

　インドの小売業部門においては、近年、組織化小売店のチェーン展開がみられる。伝統的な小規模店舗は、これらの大規模小売チェーンに市場を奪われつつある。現時点では、組織化された小売チェーンは全売上規模1,800億ドルの約2％程度にすぎないが（Srivastava, 2007）、小売業のチェーン化は多くの起業家にビジネスチャンスを提供することになろう。

　大型のスーパーマーケットは急速に成長しており、消費者の人気も高まってきている。たとえば、ビッグ・バザール（*Big Bazaar*）、ジャイアント（*Giant*）、スビークシャ（*Subhiksha*）、スーパー・バザール（*Super Bazaar*）、そしてリライアンス・フレッシュ（*Reliance Fresh*）などは、スーパーマーケットやハイパ

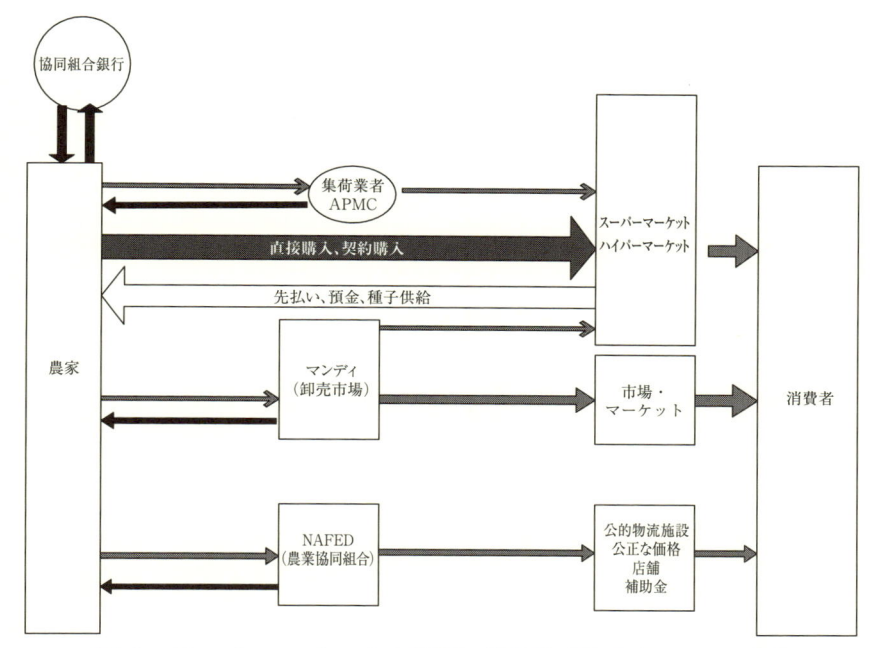

第6章　インド農業の展開とフードシステム

図4　スーパーマーケットの発展に伴うサプライチェーンの変化

ーマーケット・チェーン確立の代表的なプレーヤーである。

　図4は、スーパーマーケットの成長に伴うサプライチェーンの変化を示したものである。小売チェーン店は、3つの流通形態を通じて青果物を調達している。第1の流通形態は、村市場あるいはマンディ市場から、第2の流通形態は、農産物市場委員会（APMC）から、そして第3の流通形態は、農家からの直接購入である。

　急成長するハイパーマーケットやスーパーマーケットは、消費者向け商品として一定の量と信頼できる質を必要としている。生鮮青果物に関しては、マンデイはハイパーやスーパーマーケットに対して、信頼性の高い品質の商品を供給することが難しい。伝統的な卸売市場システムは、スーパーマーケットを満足させうる信頼性の高い十分な品質管理システムを持ち得ていないからである。絶えず変

化する小売業界においては、サプライチェーンモデルが必要とする青果物の質や量、価格、そして納期が重要な課題となっているのである。

　そこでスーパーマーケットでは、大規模生産者との農産物の均一性と品質を保証する長期契約取引、契約栽培方式を確立している。これに対して、インドの土地所有者の大半は１ha未満の小規模経営であり、栽培者の多くは、こうしたサプライチェーンの成長から利益を得ることができない状況にある。このため、いくつかのNGOは、新たに成長している小売チェーンとの共存共栄を図るために協同組合を設立することにより、小規模農家に利益をもたらす活動を展開してきている。

５．おわりに──青果物流通システムにおけるコールドチェーン──

　インドでは１億5,000万トンの青果物を生産し、約2,500億ドルの価値を生み出している。しかしながら、青果物全体の３〜４割が収穫後の管理の不備や、低温倉庫施設、輸送施設の欠如などから廃棄されているのが実態である（Maheshwar and Chanakya, 2006）。

　具体的には、果実、特にマンゴーやバナナは、収穫後の廃棄率が高く、野菜では、タマネギで廃棄率が高くなっている。たとえばマハーラーシュトラ州は、国のタマネギ生産の４分の１以上を占めているが、貯蔵施設が不備なために総生産の５割が廃棄されている。

　インドにおける新興消費市場と輸出市場は、高品質の食材を求めている。新たに台頭しているビッグ・バザール、ライアンス・フレッシュ、パンタローネ（*Pantaloon*）、スペンサー（*Spencer*）などの多くのスーパーマーケットは、より長い貯蔵寿命を有する農産物を確保するために、コールドチェーンの確立に取り組んでいる。しかし、コールドチェーンは、様々な理由で100％確立されているわけではない。図５は、インドのコールドチェーンが直面している課題を示している。

　コールドチェーンは、農場から食卓に安全に生鮮農産物を輸送する国際基準に

第6章　インド農業の展開とフードシステム

収穫	予冷	ロジスティクス	冷蔵・選別・包装
・農家段階における冷蔵・施設の不備 ・収穫した青果物を炎天下に置いたまま ・早朝あるいは夕刻に収穫後、丸一日経過 ・集出荷のために多くの時間を要する	・予冷施設は限られている	・冷蔵の利用は限定、あるいは利用されない ・オープンな荷台で、青果物を集出荷している ・エチレン排出の果物は他人によって輸送	・冷蔵環境施設は限定利用 ・選別・包装は衛生的でない ・選別・包装作業は、機械化されておらず、手作業である ・選別・包装は、冷蔵施設内で行われない

輸送
・スーパーマーケット
・国際的なバイヤー

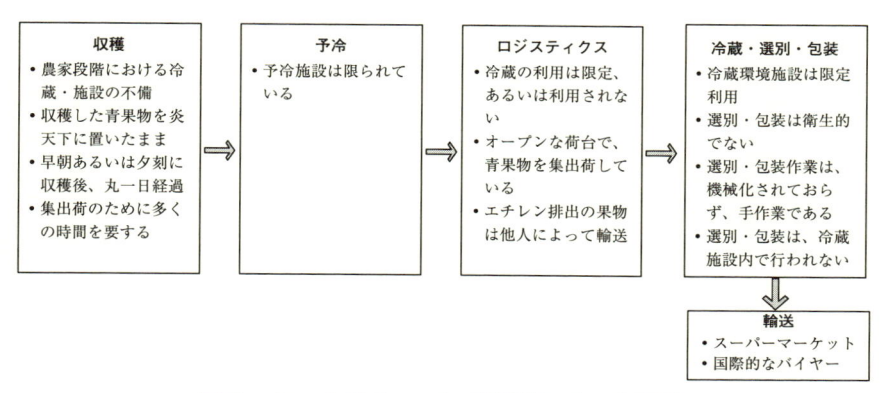

図5　コールドチェーンが直面している課題

そったシステムである。投資家たちが、村のハイテク低温貯蔵施設に投資することはできても、安定した電力供給が担保されていない。これは大きな問題である。同様に、冷凍コンテナを導入しても、道路事情が悪いために、計画された時間内に青果物を輸送することができないケースも生じている。農村における収穫後の作業には、それなりのインフラが不可欠であるにもかかわらず、インドではインフラ整備の立ち遅れが甚だしい。

　中規模・大規模の農家は、主に穀物、サトウキビ、綿、脂肪種子を栽培している。野菜栽培の小規模な土地保有者はほとんどが貧困ライン以下の生活を送っている。また、零細な土地所有者に関しては、教育を受けた農家を見つけることは稀であることが知られている。小規模農家の教育レベルが低いために、彼らに対して適切なトレーニングプログラムを設計すること自体が困難とされている。

　そこで持続可能なサプライチェーンを構築するために、インドの大手総合商社ITCは「e-チョーパル（*e-Choupal*）」というインターネット・システムを活用して農産物の直接取引を行う農業者を育成する教育事業に取り組んでいる。教育を受けた農家は、サプライチェーン・マネジメントや収穫後の問題を理解し、農家と食品企業を直結させることによって、中間コストの削減を可能にしたのである。

　青果物流通におけるシームレスなサプライチェーンの構築は、製品コストを低

く抑えることができる。しかし現状では、貯蔵および輸送手段が脆弱なことから、インドにおける農場と市場間の物理的・時間的距離はとてつもなく長いものになっている。たとえばブドウの長距離輸送の場合にはそのほとんどが損傷してしまうことが指摘されている。インド農村部における劣悪な道路事情、古いスタイルのサスペンション付きトラック輸送では、多くの場合、委託された青果物をそのままの状態で輸送することは困難である。

ロジスティクスとは、商品・サービスの提供と円滑かつ経済的な物流システムを構築するために、サプライチェーンを管理するための科学である。サプライチェーンにおいて、空港、海港、道路、橋梁といったインフラ整備は重要な要素となる。世界銀行はインフラ施設面においてインドが世界で最も低いランクに位置することを明らかにしている。

こうしたインフラ部門の欠如は、インド経済のGDP成長を1〜2％低下させ、年間2億2,000億ルピーの経済的損失の原因となっている（Maheshwar & Chanakya, 2006）。

インドの高速道路には、全貨物輸送の約40％が集中しているが、全道路網に占める割合はわずか2％にすぎない。貨物トラックの平均速度は、時速20マイル程度であり、先進国での平均速度（時速60マイル）の3分の1の水準にある点からも、インドの道路事情が極めて劣悪なものであることが窺える。

青果物のサプライチェーンに限らず、インドにはIT分野やマネジメントの専門知識を持つた優秀な人材が多いにもかかわらず、脆弱なインフラ部門が効率化のボトルネックになっている。輸送施設、低温貯蔵施設、在庫管理体制の整備なしにはサプライチェーンは確立されない。スーパーマーケットなどが独自のロジスチック・システムを確立しつつあるとはいえ、インフラ整備を含めて青果物流通上の課題は多い。

※ 本章は、Zaidi, Safdar., 2009, *Expansion of The Greenery "The Greenery, India" Towards India*, LEI Wageningen URをもとに加筆修正したものである。

引用文献

Maheshwar, C., and T.S. Chanakya, 2006, *Postharvest Losses due to Gaps in Cold Chain in India- a solution,* Acta Hort, 712, ISHS.

Srivastava,R.K., 2008, *Changing Retail Scene in India,* Somajay Institute of Management Studies & Research, University of Bombay, India.

Mittal, Surabhi., 2007, *Can Horticulture be a Success Story for India,* Indian Council for Research on International Economic Relations.

荒木一視（2008）『アジアの青果物卸売市場—韓国・中国・インドにみる広域流通の出現』農林統計協会。

荒木一視（2009）「インドの全国的生鮮野菜流通体系と地方の野菜生産農家—大都市の経済成長とその遠隔地農業への影響」『アジア経済』第50巻第11号。

JETRO（2012）『インドにおける加工食品流通構造調査（平成23年度　農林水産省「農山漁村6次産業化対策事業」・「東アジア食品産業海外展開支援事業」）』日本貿易振興機構。

第7章

インドの食品製造業・農産加工

立花　広記

1. はじめに

　1991年の新経済政策への転換以降、インド経済は順調な拡大・成長が続いており、特に2003年から2011年にかけては年率6.19〜10.62％の高い実質経済成長率を達成している。この高い経済成長は都市化の進展や若年層の収入増加、中間層（世帯年間可処分所得5千ドル〜3万5千ドル）の増加、女性の社会進出といった社会的変化を促し、食料消費の面でも単なる量的拡大だけでなく、食料消費の高級化や多様化、簡便化志向の進展、加工食品への支出割合や外食の増加など質的側面にも大きな変化を引き起こしている。

　またインドは世界第2位（約12億人、2011年）の巨大人口を有し、将来的には中国を追い抜いて世界最大の人口大国となることが予測されているが、特筆すべき点として25歳未満の人口が全人口の過半数に達し、若年層の割合が高いという特徴がある。

　経済成長が著しく、新しい食習慣や嗜好を受け入れやすい若年層人口の多いインド市場は、将来的に極めて有望な消費市場として注目されており、外資系企業の食品製造分野への直接投資や、デリーやムンバイなどの大都市はもとより地方都市にまで拡大しているショッピング・モールやチェーン・スーパーの開店などにも結びついている。

　インドの経済成長を各部門ごとにみると、サービス部門の成長が極めて高いことがわかる。1990年に比べて2010年のGDPに占める割合は、農林水産業部門が

11.0％低下する一方、サービス業部門は12.3％上昇している。しかし農業部門のGDP全体に占める割合は低下しているものの未だに16％を占めている。さらに2009年の全人口に占める農林水産業の人口シェアは48.8％であり、非常に大きな割合を占めていることがわかる。このことからも農林水産業部門はインド経済において重要な役割を担っているといえる。

また加工食品は変質・腐敗しやすいナマ物（農水産物）を原料としていることから、それらの原料を国内外から調達するために、工場の立地は全国各地に分散しており、雇用機会の創出など、地方経済への効果も期待されている。

本章では、各種統計データをもとにインドにおける食品製造業の現状を定量的に把握し、インドの食品製造業の問題点と今後の課題について考察する。

2．食品製造業の市場規模

（1）加工食品の分類

一般的に、加工食品は農産物に比べて種類が豊富でなおかつ多様な品目が生産されているため、食品製造業には多種多様な業種が存在している。表1では、まず加工食品の業種を「国家産業分類（National Industrial Classification：NIC）」をもとに、「農産食料品」と「乳製品」、「肉類・水産食料品」の3つに大きく分け、農産食料品は「果物・野菜類」と「穀類」、「油糧種子」、「飲料」の4種類に、肉類・水産食料品は「肉類」と「水産」の2種類に細分化し、計9種類に分類している。そしてそれらの業種に該当する製品や加工処理方法などを、その加工の程度によって「一次加工」、「二次加工」、「三次加工」に区分している。この区分は数字が大きくなるにつれて加工度合いが高くなることを意味する。

一次加工に属するものは、洗浄や選別、格付、冷蔵、冷凍などを行ない、原型をとどめたままで付加価値の加えられていない製品である。二次加工はカットや保存加工などの基礎的な加工を施し、そのまま消費することが可能な状態であり、三次加工品は付加価値の高い製品で、原型をとどめていないものである。たとえば、二次加工に属する製品は、果物・野菜類ではスライスや保存加工品などであ

第7章　インドの食品製造業・農産加工

表1　インドにおける食品製造業の分類と加工段階

業種		加工段階		
		一次加工	二次加工	三次加工
農産食料品	果物・野菜類	洗浄、選別、格付、カット	スライス・ピュレ・フレーク・ペースト加工、保存加工、味付	ケチャップ、ジャム、ジュース、酢漬、塩蔵、砂糖漬、他
	穀類	選別、格付	小麦粉、破砕、ライスパフ、麦芽、製粉	ビスケット、麺類、フレーク、ケーキ、ナムキン
	油糧種子	選別、格付	油かす	ひまわり油、落花生油、からし油、大豆油、オリーブ油、他
	飲料	選別、漂白、格付	茶葉、粉茶	ティーバッグ、コーヒー飲料、清涼飲料、酒類
乳製品	乳製品	格付、冷蔵	カッテージチーズ、クリーム、ドライミルク	加工乳、ペースト加工、スプレッダブルバター・チーズ、ヨーグルト
肉類・水産食料品	肉類	選別、冷蔵	カット、フライ、冷凍、チルド	調理済食品
	水産物	冷蔵、冷凍	カット、フライ、冷凍、チルド	調理済食品

出所：Ministry of Food Processing Industries, Annual Report 2011-12. より作成。

り、肉類ではカットやフライ加工品で、三次加工は果物・野菜類ではケチャップやジャム、肉類では調理済食品などである。

　インドでは加工食品よりも新鮮で伝統的な食品を好む傾向にあり、食品の加工技術の水準も低かったため、この一次加工品と二次加工品に属する加工食品が大半を占めていた。しかし近年、所得の向上や食習慣の変化によって、加工食品への関心が高まり、それを積極的に受け入れる消費者が増加している。また食品を加工することによって商品価値が向上するとともに、その保存性が高まることもあり、インドでは食品製造業のうち特に二次加工業と三次加工業の発展が期待されている。

（2）食品製造業の市場規模と市場シェア

　食品製造業の市場規模とその動向は、いくつかの指標で把握できるが、ここでは統計・計画実施省（Ministry of Statistics and Programme Implementation：MOSPI）の「The Annual Survey of Industries (ASI)」データを使用して、事業所数、従業者数、給与総額、原料使用額、産出額、付加価値額などの項目につ

第Ⅱ部　フードセクターの諸相と展開

表２　食品製造業の市場規模とそれの製造業合計に占めるシェアの年次推移
（単位：推移は 2001-02 を 100 とした指数、シェアは％、カッコ内は実数値）

年次	事業所数（箇所）		従業者数（万人）		給与総額（億ルピー）		原料使用額（億ルピー）		産出額（億ルピー）		付加価値額（億ルピー）	
	推移	シェア	推移	シェア	推移	シェア	推移	シェア	推移	シェア	推移	シェア
2001-02	100.0	18.3	100.0	16.9	100.0	11.3	100.0	18.3	100.0	15.7	100.0	11.4
（実数）	(23,485)		(130.7)		(575.1)		(10,754.3)		(15,150.4)		(1,644.7)	
2002-03	101.4	18.6	100.1	16.5	104.2	10.9	120.2	18.4	118.0	15.8	99.1	9.5
2003-04	101.5	18.5	99.3	16.5	104.4	10.3	119.2	16.2	119.0	14.0	96.9	7.9
2004-05	108.0	18.6	102.8	15.9	112.0	10.0	134.3	14.1	134.8	12.2	109.8	6.9
2005-06	109.5	18.4	106.5	15.3	127.2	9.9	151.2	13.5	150.8	12.0	142.6	7.5
2006-07	109.7	17.8	113.0	14.3	146.0	9.5	181.3	12.9	187.7	11.8	212.1	8.8
2007-08	111.6	17.9	115.2	14.4	170.5	9.3	226.2	13.9	222.7	12.2	212.8	7.3
2008-09	115.9	17.5	119.7	13.8	198.5	8.8	272.1	14.2	267.6	12.4	248.2	7.7
2009-10	117.0	17.3	122.9	13.6	229.8	9.0	295.2	13.2	294.8	12.0	266.6	7.4
（実数）	(27,479)		(160.6)		(1,321.5)		(31,749.8)		(44,669.1)		(4,384.2)	

出所：Ministry of Statistics and Programme Implementation, Government of India. "The Annual Survey of Industries" 各年次より作成。

いてみておこう。なお、インドの食品製造業は組織化されていない小規模零細企業が多く、データにはそれらの業種は含まれていない点に留意する必要がある[1]。

　表２には、上記項目の2001-02年から2009-10年までの推移とそれらの全製造業に占めるシェアを示している。まず、2001-02年における食品製造業の市場規模をみると、事業所数が２万3,485箇所、従業者数が131万人で、給与総額と原料使用額、産出額、付加価値額はそれぞれ575億ルピー、１兆754億ルピー、１兆5,150億ルピー、1,645億ルピーに達している。これらは、全製造業に対して18.3％、16.9％、11.3％、18.3％、15.7％、11.4％を占めている。食品製造業の給与総額と付加価値額のシェアは多少低いものの、それ以外の項目は製造業全体の15～18％を占める重要な産業となっている。2001-02年以降、食品製造業は、いずれの項目も増加傾向にあり、原料使用額と産出額、付加価値額、給与総額でそれぞれ顕著な増加傾向（2001-02年を100とした指数で表した2009-10年の値はそれぞれ295.2、294.8、266.6、229.8）を示している[2]。

　2001-02年から2009-10年までの間、食品製造業の事業所数は1.0ポイントの低下にとどまっているが、それ以外の項目はいずれも2.3～5.0ポイント低下している。2009-10年の食品製造業の付加価値額と給与総額の全製造業に占めるシェアは１

第7章　インドの食品製造業・農産加工

割未満となっている。このことは食品製造業の賃金や限界生産力が相対的に他の製造業よりも低い水準にあることを示している。

（3）食品製造業における産出額の業種シェアの推移

次に食品製造業の産出額を業種ごとにみておこう。図1は、食品製造業を肉製品・水産食料品・農産食料品・油脂製造業と、乳製品製造業、製粉・でんぷん・飼料製造業、その他食品製造業、飲料製造業に分類し、2001-02年と2009-10年について、食品製造業における産出額の業種別シェアの推移を示している。図によると、その他食品製造業の割合が30.5％から27.1％に低下する一方、肉製品・水産食料品・農産食料品・油脂製造業の割合が24.5％から27.6％に上昇しており、製粉・でんぷん・飼料製造業、飲料製造業の割合も上昇している。

これらの産出額の変化には所得の上昇が大きく影響しているものと思われる。近年の所得上昇によって、加工食品の消費は量的に大きくなったが、それに伴い肉製品、水産食料品、小麦粉などの質的な変化も起きている。従来、インドでは宗教上の理由から肉類の摂取が控えられてきたが、グローバル化などの影響によって肉類の消費が増加しており[3)]、小麦粉についても、これまでは雑穀が主であ

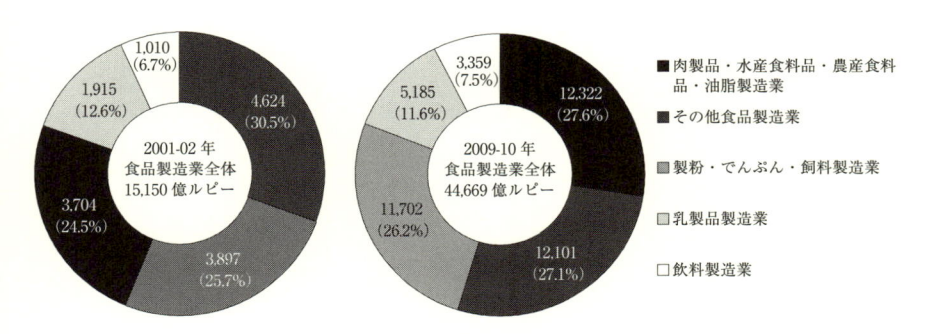

図1　食品製造業における産出額の業種別シェアの推移

出所：Ministry of Statistics and Programme Implementation, Government of India. "The Annual Survey of Industries" 各年次より作成。
　注：カッコ内の数値は食品製造業全体に占める割合を示す。

ったものが、所得の上昇によってより高級な小麦やコメの消費への代替が進んでいる。これらのシェア上昇には、こうした食料消費の量的拡大と質的変化の同時進行がその背景にあるものと思われ、今後ともこれらの業種の産出額の増加が見込まれる。

3．近年における食品製造業の動向

（1）加工食品の輸出状況

　インドは独立以降も、常に食料輸入国の地位にあった。1960年代半ばの大干ばつによる食料危機以降、高収量品種の導入や化学肥料・農薬の投入、灌漑設備等のインフラ整備によって「緑の革命」が進展し、コメや小麦の生産性が大きく向上し、1970年代後半には食料自給を達成した。さらに1980年代に入ると小麦以外の農産物も増産されるようになり、インドの農業部門は大きく発展し、現在では農産物の生産量は、豆類、生姜、バナナ、パパイヤ、マンゴーなどで世界第1位、コメや小麦、ジャガイモ、ニンニク、カシューナッツは世界第2位にランクされている。また1995年には余剰米の輸出が開始され、輸出量に年次変化があるものの、現在ではコメの輸出大国のひとつになっている。

　農畜水産物の海外への輸出は、外貨の獲得や農家の所得向上、さらに農業だけでなくその関連産業の雇用機会の創出などにもつながっている。近年、加工食品の輸出は増加傾向にあり、農産物や加工食品の輸出拡大とその関連産業の発展を目的に、1986年に商工業省の傘下に「農産・加工食品輸出開発機構（Agricultural and Processed Food Products Export Development Authority：APED）」が設置されている。

　農産・加工食品輸出開発機構は、農産物や加工食品のうち、「花卉・種子」と「生鮮果物・野菜」、「加工食品」、「畜産食料品」、「有機食品」、「穀類」の6分野を対象に、輸出の促進を行なっており、これらの品目の統計データを作成している。ここではこれらのデータから「花卉・種子」と「生鮮果物・野菜」、「畜産食料品」に含まれる家畜生体を除いた、「穀類」と「畜産加工品・乳製品」、「農産加工品」、

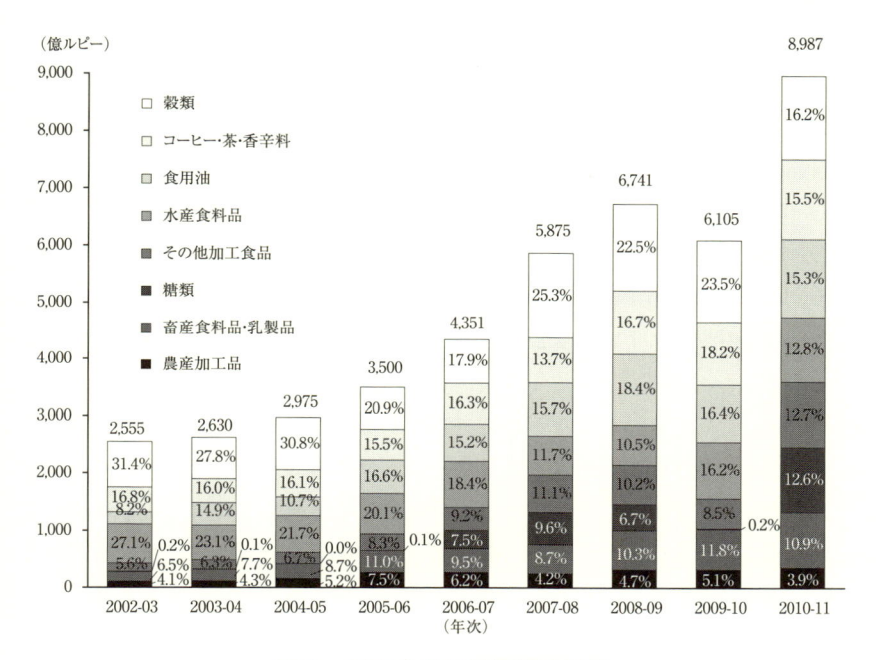

第7章　インドの食品製造業・農産加工

図2　加工食品の輸出額の推移

出所：Directorate General of Commercial Intelligence and Statistics, Ministry of Commerce and Industry のデータより作成。

「その他加工食品」のデータをまとめて、それに「コーヒー・茶・香辛料」と「水産食料品」、「糖類」を加えて、加工食品の輸出額のデータを作成した（図2）。なおこのデータには、表1でいうところの比較的加工度合いの低い一次加工の対象となる品目が多く含まれていることに留意する必要がある。

　これらのデータをみると、2002-03年から2010-11年にかけて、多少の増減はあるもののいずれの品目も順調に輸出額を伸ばしており、加工食品全体では2,555億ルピーから8,987億ルピーへと約3.5倍までに増加していることがわかる。この加工食品の輸出額の品目別シェアをみると、2002-03年は穀類が31.4％と最も高く、次いで水産食料品が27.1％となっており、この2品目で全体の約6割を占めている。2010-11年には、コーヒー・茶・香辛料と農産加工品の輸出額シェアは2002-

121

03年のそれとほぼ同じであるが、穀類（2010-11年の加工食品の輸出額全体に占めるシェアは16.2％）と水産食料品（同12.8％）はそれぞれ15.2％、14.3％低下している。その一方、食用油（同15.3％）やその他加工食品（同12.7％）、糖類（同12.6％）、畜産食料品・乳製品（同10.9％）は輸出額シェアが4.4％から12.4％に上昇している。ただし、糖類はシュガーサイクル（砂糖価格政策による砂糖生産量の周期的変動）を繰り返すため、それと連動して輸出量の増減が大きくなっている。さらに近年は穀物価格の高騰を背景に、さとうきびから穀物への作付転換や、モンスーン期の少雨による生産量の減少が輸出シェアの低下に追い打ちをかけている。

　近年、加工食品の原材料となる農畜産物の生産量の増加と食品製造業の発展によって、加工食品の輸出が促進され、量的にも金額的にも順調に増加している。しかしインドの場合には気候変動による農産物の生産増減が大きく、それが加工度の低い加工食品の輸出に大きく影響している。安定した輸出を推進するためにも、農産物の場合には今後より加工度の高い食品の生産へのシフトが必要である。

（２）食品製造業への海外直接投資額

　インドでは、原則として農業分野に対して海外直接投資は認められていないが、食品製造は自動認可制度（ネガティブ・リスト方式）によって、外資出資比率100％まで自動的に認可されている。またA.T.カーニーの「海外直接投資（FDI）信頼度指数調査」によると、2012年度ではインドは中国に次いで世界２位にランクされており、海外企業からの信頼度が高いことが窺える。2000年４月から2012年５月の間に食品製造部門全体では海外から28.8億ドルの直接投資が流入しており、それらの内訳は食品製造が50.5％、醗酵工業が36.3％、植物油脂製造が9.6％、茶・コーヒー製造が3.5％となっている（**図３**）。

　なお海外直接投資全体に占める食品製造分野への投資額の割合は1.7％と低いものの、近年、大手外資系企業によるインドへの設備投資が増加傾向にあり[4]、可能性の高い消費市場と豊富な原材料に恵まれたインド市場への海外からの投資は今後も増大してゆくものと考えられ、それはインフラの設備が不十分なインド

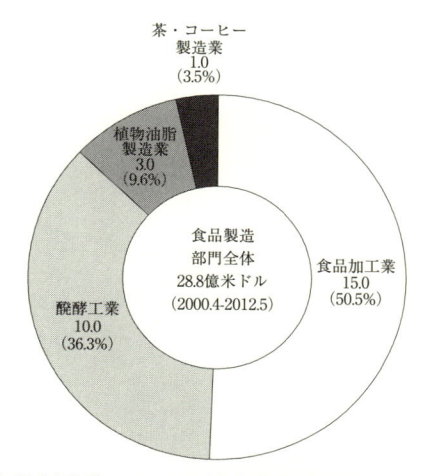

第7章　インドの食品製造業・農産加工

図3　食品製造業における対内直接投資額（2000.4-2012.5）

出所：Department of Industrial Policy & Promotion, Ministry of Commerce & Industry, Government of India. "FDI Statistics MARCH, 2012" より作成

の食品製造業の発展に大きく貢献するものと思われる。

（3）食品製造業における市場シェアの推移

　加工食品の国内消費の拡大や輸出の増加、さらには海外からの直接投資の導入は、食品製造業への新規参入や食品製造分野の規模拡大を促すものと考えられる。そこで**表3**にはコメ、果物加工品などの7つの業種について、2005-6年と2010-11年のそれぞれの売上額上位3社の市場シェアを示している。なおこのデータは各企業の年次報告書をもとに作成されており、インドの全ての企業データを網羅しているものではない。しかしながら各業種の主要企業のデータが収集されており、一定の傾向を読み取ることができる。

　これをみると、コメは両期間の売上額上位3社の市場シェアに大きな変化はみられないが、植物油脂は2.3％低下し、逆に果物加工品と小麦粉はそれぞれ24.2％と22.7％に上昇しており、粉ミルク・練乳や菓子、パンなどの業種も18.2～8.7％上昇していることがわかる。シェアが上昇している業種は機械設備や大型装置の

123

第Ⅱ部　フードセクターの諸相と展開

表3　食品製造業の業種別にみた売上額上位3社の市場集中度の推移

	2005-06年		2010-11年	
	シェア（％）	企業数（社）	シェア（％）	企業数（社）
コメ	36.0	45	37.8	60
小麦粉	12.6	69	35.3	69
果物加工品	45.7	19	69.9	22
粉ミルク・練乳	27.6	28	45.8	36
パン	60.6	8	69.3	5
菓子	59.9	18	71.3	22
植物油脂	26.5	180	24.2	210

出所：Centre for Monitoring Indian Economy Pvt. Ltd., Industry Market Size & Shares July 2012. より作成。
注：データは抽出データ。

導入によって生産性が大きく向上しているものが多い。これらの業種は海外資本の導入などによってさらに生産規模が拡大し、今後そのシェアがさらに高まることが予想される。またこれまでインフラの整備が遅れたインドでは零細中小の食品製造業者が数多く存在しており、これらの業者が地域の食料供給を支えてきた面もあるが、インフラの整備とともに零細中小の生産者と大手企業との格差が拡大していくことが予想され、零細中小生産者の組織化や近代化が今後の大きな課題である。

（4）生鮮食品のロス率

インドの食品産業の重要な問題のひとつに高水準にある食品ロス率があげられる。表4は穀類や果物・野菜などの8品目についてロス率を推計したものである。これをみると果物・野菜が5.8～18.0％と最も高く、次に豆類、油糧種子、穀類がそれぞれ4.3～6.1％、6.0、3.9～6.0％と続いている。これをみると相対的に保存性が高いと思われる豆類や油糧種子、穀類において、ロス率が肉類や魚介類よりも高いことがわかる。

表4　主な食品の推計ロス率
（単位：％）

品目	割合
穀類	3.9-6.0
豆類	4.3-6.1
油糧種子	6.0
果物・野菜	5.8-18.0
牛乳	0.8
魚介類	2.9
肉類	2.3
家禽類	3.7

出所：Ministry of Food Processing Industries (2012), Annual Report 2011-12. より作成。
原資料：A study by CIPHET (2010).

第7章 インドの食品製造業・農産加工

　なおインドでは、道路や輸送施設、冷蔵貯蔵施設などのインフラ整備が遅れており、コールド・チェーンが未発達の状態にある。さらに加工業者や流通業者、小売業者の組織化も遅れており、その規模が非常に小さいこともあり、食品の流通過程には多数の仲介業者が介在している。これらが食品ロス率の高さの原因になっている。このため、インドでは食料自給率が高いにも関わらず、輸送中に食料が腐敗し、地域によっては食料不足が発生しているとも言われている。

　また、流通の非効率性だけでなく、スーパーマーケットなどの小売業者が組織的に食品価格を釣り上げるために買占めを行い、倉庫で腐らせてしまうこともあり、農産物の生産高に占める廃棄物の割合は全体の40％以上にも及んでいるという報告もある[5]。

　いずれにせよ、食品ロスを低下させるためには、保存性を高める食品製造技術の向上とともに、インフラ設備の普及とコールド・チェーンの確立が重要な課題となっている。

4．メガ・フード・パーク計画

（1）メガ・フード・パーク計画の目的

　インドの中央政府には1988年に食品加工産業省（Ministry of Food Processing Industries）が設置されている。食品加工産業省の主要な目的は、①農産物の利用拡大と付加価値の向上、②貯蔵や輸送、加工のインフラ開発による食品ロスの削減、③最新技術の誘発、④研究開発の振興、⑤政策援助など、⑥生産者から消費者までのサプライチェーンに存在している様々なギャップや課題を克服するための適切なインフラ整備などにある。

　これらの目標達成のために、食品加工産業省は第11次五カ年計画においてインフラ部門への設備投資として3つの計画案を策定し、国家計画委員会（Planning Commission）から261億ルピーの暫定支出が承認されており、これは食品加工産業省の第11次五カ年計画の総支出の64.8％にあたる金額である。

　その1つが「メガ・フード・パーク計画（Mega Food Parks Scheme：

MFPS)」である。MFPSは、特に果物や野菜などの生鮮食料品が対象となっており、①国内の需要主導型クラスターへの最新インフラ設備の供給、②農畜水産物の付加価値の確保、③各クラスターへの持続可能な原材料サプライチェーンの構築、④最新技術の誘発促進、⑤サプライチェーンに関係するステークホルダーとともに、クラスター・アプローチによって小規模農家と零細中小の食品製造業間の問題解決に取り組むこと、⑥農場から小売までのサプライチェーンの中で生産者と加工業者、小売業が相互に働きかけることができる制度の構築を目標としている。

（2）メガ・フード・パーク・モデルの概要

MFPSはクラスター・ベースのアプローチとHub and Spokeモデルによってデザインされ、「中央加工センター（Central Processing Center：CPC）」と「一次加工センター（Primary Processing Center：PPC）」、「集配センター（Collection Center：CC）」の3つの要素から構成されており、農家と小売業者を繋ぐ役割を目標にしている（図4）。

MFPSは、特別目的事業体（Special Purpose Vehicle：SPV）によって運営され、基本的にはCPCを中心に半径100～120km圏内にPPCもしくはCCが設置されている。ただし特殊な原材料を使用する場合などにはさらにその対象範囲が広がることがある。またこの圏内では原料調達のために4～5千人の農民の参加が見込まれており、それによって農民の所得の向上が期待されている。

各施設についてみると、CPCは50～100エーカーの敷地面積で、食品製造の基礎設備（最新の貯蔵庫、加工設備、包装設備や安全基準など）と基礎的なインフラ（自家発電施設や排水処理施設など）を整備している。またPPCは2～5エーカーの敷地面積でCPCの周囲に設置され基礎的な設備（選別、格付、包装、一時保管など）を持つ。CCは各PPCにおける農産物の集積地点に設置される。農産物はCCに搬入された後、品目により直接CPCに送られるか、PPCで中間処理を施されCPCもしくは小売業者に運ばれる。特にCPCとPPCの間はコールド・チェーンが構築されるため、食品ロスの減少と品質管理が可能となる。

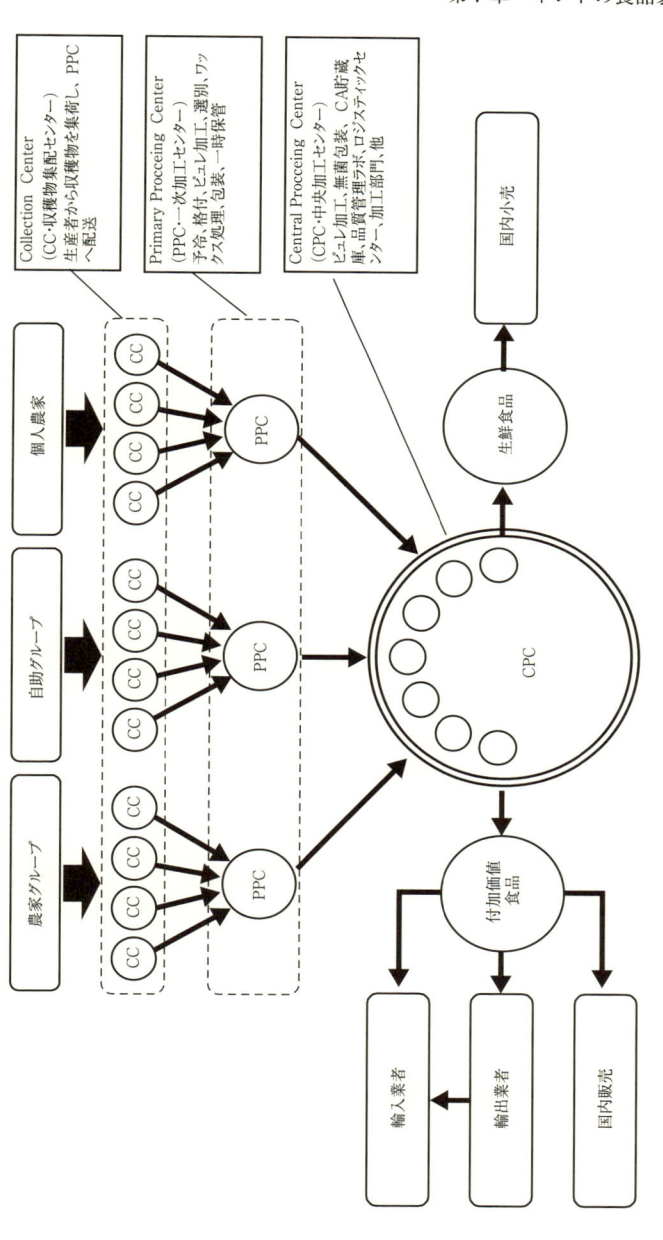

第7章　インドの食品製造業・農産加工

Collection Center
(CC=収穫物集配センター)
生産者から収穫物を集荷し、PPCへ配送

Primary Proceeing Center
(PPC=一次加工センター)
予冷、格付、ピュレ加工、選別、ワックス処理、包装、一時保管

Central Proceeing Center
(CPC=中央加工センター)
ピュレ加工、無菌包装、CA貯蔵庫、品質管理ラボ、ロジスティックセンター、加工部門、他

図4　メガ・フードパーク・モデルの概要

出所：Ministry of Food Processing Industries, Draft Report of Working Group Food Processing Industries For 12th Five Year Plan. より作成。

127

（3）MFPSの現状

　第11次五カ年計画では30件のメガ・フード・パークの建設が計画されており、現在、そのうちの15件が承認されている。さらに第12次五カ年計画では30件以上のメガ・フード・パークの建設が計画されている。

　これらの計画をもとに食品加工産業省の「ビジョン2015」では2015年までに生鮮食料品の加工率を6％から20％へ、食品製造業の付加価値率を20％から35％へ、世界の食料貿易に占める割合を1.5％から3％へ増加させることを目標としている。また食品製造部門の利益率の向上と雇用機会の創出などの効果が期待されている。

5．おわりに

　本章では、いくつかの統計データを使用して、それらの指標をもとに近年の食品製造の動向を明らかにした。製造業全体でみた食品製造業の産出額シェアは、低下傾向にあるが、食品製造業は順調にその生産額を伸ばしている。その背景には所得増加による加工食品の需要の拡大と質的変化が寄与しており、宗教的な理由からこれまで少なかった肉類の生産額も近年では増加傾向にある。加工食品の輸出額も順調に増加している。これまでは穀類と水産食料品が輸出全体の約6割を占めていたが、近年では食用油や畜産食料品・乳製品などの割合も上昇している。また輸出額の増減の大きかったのは、糖類などのように気候変動などの影響を受けやすい品目であった。そして市場の有望性から海外直接投資も増加する傾向にある。

　売上額上位3社の市場シェアをみると、果物加工品と小麦粉の市場シェアは2005-06年から2010-11年の間に20％以上昇しており、これらの業種では寡占化が進展していることがうかがえる。また食品製造業に限らず食品産業全体の食品ロスも大きな問題となっており、果物・野菜、豆類、油糧種子、穀類でロス率が比較的高いことも明らかになった。

第7章　インドの食品製造業・農産加工

　以上のようにインドでは食品製造業の産出額や輸出額が順調に伸びているが、食料自給率が高い一方、食品の加工率や加工技術の低さ、ロス率の高さといった様々な問題がある。
　この背景には、①サプライチェーンにおけるインフラ整備の遅れ、②原料農産物と農産加工のミスマッチ、③研究開発の欠如、④低レベルの品質・安全基準、⑤設備稼働率の不安定性などの問題がある。こうしたサプライチェーンの不完全性は、食品製造業者の組織化率の低さとあわせて、生産者と需要者との間の情報の不完全性を生み出し、農産物の価格高騰や農民に対する不当に安い買い上げ価格の原因にもなっている。さらにインド特有の地方制度や文化、宗教などが加わって問題をより一層複雑にしている。したがって、インドの食品製造業はこれらの問題解決に向けて、インフラの整備やサプライチェーンの構築が重要な課題になっている。

注
1）インドの食品製造業者の組織化率は2006-07年と2010-11年でそれぞれ27.1％、33.6％と推定されている（Technopak, 2009）。
2）同期間内の卸売物価指数の上昇率は51.9％である（Ministry of Commerce and Industryのデータを使用）。
3）上原秀樹（2012）は、動物性たんぱく質の消費では、鶏卵、鶏肉、魚介類、ミルクの順に過去30年間の伸び率が高いことを明らかにしている。
4）ジェトロ（2011）の調査報告によれば、2009年〜2010年度の食品製造業への海外直接投資のうち、約40％がPepsiCoによるものであるが、PepsiCo以外の多くの外国企業がインドへの投資額を増やしていることが明らかになっている。
5）ジェトロ（2012）pp.9-10より引用。

引用・参考文献
Ministry of Food Processing Industries（2011），"Draft Report of Working Group Food Processing Industries For 12th Five Year Plan"．
Ministry of Food Processing Industries（2012），"Government of India Annual Report 2011-12"．
P. A. Hicks（1993），*Policies and strategies for agro-industries in the Asia Pacific Region*, FAO．
Technopak（2009），"The Indian Food Industry Opportunities Abound"．

第Ⅱ部　フードセクターの諸相と展開

石上悦朗・佐藤隆広編著（2011）『現代インド・南アジア経済論』ミネルヴァ書房。
上原秀樹（2012）「インドの食料消費パターンと資源争奪戦：中国の事例と比較して」『明星大学経済学研究紀要』第43巻第2号、pp.27-32。
内川秀二編（2006）『アジ研選書No.2　躍動するインド経済―光と陰』アジア経済研究所。
絵所秀紀編（2002）『現代南アジア②経済自由化のゆくえ』東京大学出版会。
椎野幸平（2009）『インド経済の基礎知識　第2版〜新・経済大国の実態と政策〜』ジェトロ。
斎藤修・下渡敏治・中嶋康博編（2012）『東アジアフードシステム圏の成立条件』農林統計出版。
ジェトロ（2011）『インドの食品製造業界および食品製造機械業界の市場評価』ジェトロ。
ジェトロ（2012）『平成23年度東アジア食品産業海外展開支援事業　インドにおける加工食品流通構造調査』ジェトロ。
中島岳志（2006）『インドの時代　豊かさと苦悩の幕開け』新潮社。

第8章

インドにおける食品流通システムと流通組織

横井　のり枝

1．はじめに

　インドの小売産業はGDPの14〜15％を占め、重要な産業部門のひとつになっている。経済発展に伴い、インドの小売市場はおよそ45兆円に達し、世界のトップ5にランクされる規模にまで成長している。しかしその内実をみると、インドの食品の流通システムは構造的にもインフラ整備などの面でいまだ発展途上の段階にあり、近代的な流通システムとして確立された状況に至っていない。また、スーパーマーケットやハイパーマーケットなどの組織化された大型小売店（チェーンストア）の食品小売市場に占める割合はわずか2％にすぎず、小売業の多くは零細規模の店舗である。

　人口規模でインドを上回る中国では、1992年頃から徐々に外国資本（外資）への小売市場の開放がすすみ、WTO加盟後の2004年には外資100％の小売事業への参入が認められた[1]。これによって、外資系流通企業のノウハウがスピルオーバーし、国内小売業の成長を促した。それに比べてインドは、ようやくマルチ・ブランド小売業に対する外資への規制緩和が始まったばかりである[2]。インド政府はこれまで、シングル・ブランド小売事業に対する外資の参入は許可したが、マルチ・ブランド小売業に対する外資の参入については認めてこなかった[3]。国内の小売業者の保護を理由に反対する勢力の力が大きかったためである。しかし、2012年にインド政府は一定条件の下でのマルチ・ブランド小売業の外資の参入を認可した。インド国内では、いまだに外資の参入に対する強い反対があるものの、

インド政府は国内小売産業の発展を促す方向に大きく舵を切ったのである。

この外資に対する規制緩和を想定して、欧米だけではなく日本の小売企業もインド市場への参入を検討している。世界最大の小売企業であるウォルマート（Walmart Stores）などは、すでに外資の100％出資が認められている卸売業（キャッシュ＆キャリー業態）として、インド市場に参入している。今回の外資規制の緩和によりウォルマートをはじめ、外資系小売企業によるマルチ・ブランド小売業態への本格的な参入、多店舗展開が開始されることは間違いない。こうした外資系小売業の市場参入によって、インドの流通業界がより近代的なシステムに生まれ変わり、小売店舗の運営もより効率的なものに変化していくものと思われる。なぜなら、外資の小売市場への参入を認めた多くの発展途上国においては、外資系企業のノウハウが現地の小売業にもスピルオーバーし、小売業の生産性が高まるなどの経済効果が現れており、インドの場合にも同様の経済効果が期待されるからである（横井、2011）。ただし、現段階では外資による100％の出資形態が全面的に認められたわけではなく、しかもインド市場への参入条件が厳しいこともあって、外資系小売業の小売事業参入による小売産業全体への波及効果については課題も多い。

本章では、インドにおける食品流通構造および食品小売業の現状を踏まえて、食品流通の課題と、外資系小売業に対する市場開放の効果とその影響について検討することにしたい。

2．食品の流通構造

インドの食品流通構造は、多段階でなおかつ複雑である。このため、商品到着までのリードタイムが長いことが大きな課題である。しかし、近年の卸売業界への外資系企業の参入およびチェーン小売業の成長により、その構造が僅かずつではあるが変化しつつある。

第 8 章 インドにおける食品流通システムと流通組織

（1）農産物の流通構造

　農産物の中でも、穀類は政府系組織による調達、供給という独自の流通システムが機能している。2000年代初頭における穀物流通に占める政府系組織の取り扱い比率は24％程度と推計されている。また、政府主導による調達割合も上昇しており、農産物生産、流通の自由化が進むバングラデシュ、フィリピン、インドネシアなどの周辺諸国とは逆行する傾向にある（Reardon and Minten, 2011）。
　一部の穀物流通を除くと、農産物の市場流通は、大きくわけて生産者から農産物生産販売委員会（Agriculture Produce Marketing Committee（APMC））が規定する市場への出荷、卸売業への販売、そして小売業への直接販売の3つに分類される。
　穀類、青果物の流通に共通したインドのAPMC市場は、州毎の規定に基づいて運営されており、1960年代以降現在まで継続している。APMCから仕入を行うには、ライセンスが必要である。ライセンスを取得した卸売業者のみが、APMC市場から農産物を仕入れ、マージンを支払うことができる。卸売業者は、仕入商品を直接小売店に販売する場合もあるが、当該卸売業者が一次卸となり、二次卸に商品を販売する場合もある。一般小売店に販売されるまでには三次卸まで経由しなければならない場合もある。インドの小売店は一般的に規模が零細でなおかつ店舗数が多いため、ひとつの卸売業者がそれらをすべてカバーすることが難しいことから、多段階にならざるを得ないのである。
　しかし、大手小売企業が中心となって展開している組織化小売業では、コストを抑えるために多段階の流通を回避する取り組みが実施されている[4]。彼らは、①自らAPMC市場で商品を仕入れ、自社の物流センターを経由して店舗に配送する、或いは②APMC市場から一次卸経由で各店舗に配送する、または③APMC市場を経由せずに、卸売業者または販売代理業者が農家から直接購入した商品を仕入れて店舗に配送する、④生産者から直接商品を購入して自社の物流センターを経由して店舗に配送するという方法をとっている。③の仕入れ方法は1990年代後半以降2000年代にかけて利用されるようになったチャネルである。そ

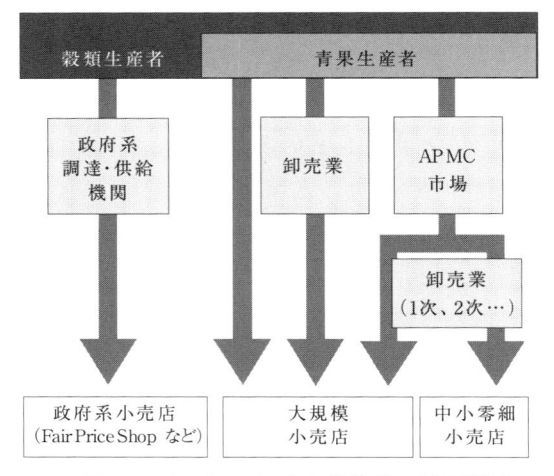

第Ⅱ部　フードセクターの諸相と展開

図1　インドにおける農作物の流通構造
出典：Reardon and Minten（2011），Ernst&Young（2009），筆者ヒアリング調査

れには、インドにおける卸売事業への外資企業の参入認可が関係している。2003年に、ドイツのメトロ社（Metro AG）がキャッシュ・アンド・キャリー業態（屋号「メトロ」）によってインド市場に参入した。同社は直接農家から商品を購入し、自社運営の店舗を経由して中小零細の小売店に販売している。従来、インドでは多段階流通によって商品を仕入れることが一般的であったが、メトロは、中間流通を省き、流通チャネルを短縮化した。そのノウハウが現地市場にも拡散効果をもたらした結果、中間流通による多段階化を避けたいと考える大手企業および中堅小売業が、この方法を利用するようになった。④は、中間流通を自社でマネジメントする組織を立ち上げるなどして、自社の物流センター経由で各店舗に商品を配送するケースである。各小売企業や店舗展開している地域によって、選択する配送方法は異なっているが、多店舗展開する組織化（チェーン）小売業の場合には、極力中央集権的に仕入を行い、物流センターから各店舗に配送することで、大量取引による規模の利益（規模の経済）を追求している。

第8章　インドにおける食品流通システムと流通組織

（2）加工食品の流通構造

次に加工食品の流通構造であるが、農産物よりも幾分複雑である。まず、一部の大規模小売店は、多段階流通を利用せず、メーカーと直接取引している。もしくはCarrying and Forwarding Agents（C&FA）と呼ばれる代理業者と直接取引を行うことによって、過剰な流通マージンを節減するとともに、リードタイムの短縮を図っている。

この大規模小売店のケースを除くと、通常、メーカー側は一般小売店との直接取引はおこなわず、代理業者であるC&FAを通して取引および配送を実施している[5]。このC&FAの役割は、主としてメーカーへの貸し倉庫機能、販売前商品の管理機能、そして販売後の代金回収機能などである。メーカー側はC&FAに業務委託し、それに対して手数料を支払っている。C&FAは、あくまでもメーカーの代理的な機能を持った業者であり、一部を除くと小売店への販売、配送まではおこなわない。その役割を担うのはディストリビューターである。ディストリビュ

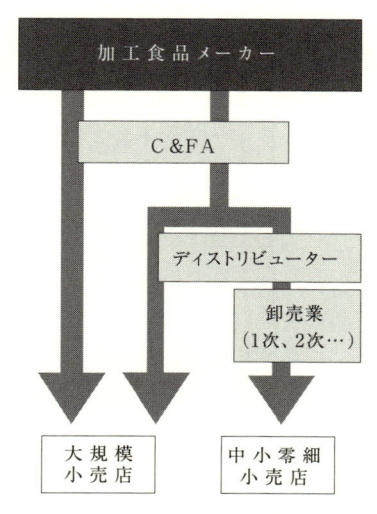

図2　インドにおける加工食品の流通構造

出典：Reardon and Minten（2011），筆者ヒアリング調査

ーターは、メーカーもしくはC&FAに発注し、その後、商品はC&FA倉庫からディストリビューターに配送されことになる。ディストリビューターは、配送された商品を各地域の小売店に販売する。ただし、地方の中小零細小売店に対しては大手のディストリビューターからは直接販売されず、地域の卸売業者がその役割を担うことになる。このディストリビューターには、それぞれ決められた活動領域があり、それ以外の地域でのビジネスは行わない。一社による地域独占が禁じられているのではなく、互いの活動領域を侵食しないことが暗黙の了解事項になっているのである（Dabas et al., 2012）。

（3）多段階流通の役割と課題

　以上のように、大手小売企業などが展開する大規模小売店を除くと、メーカーから小売店までの流通経路は極めて多段階に及んでいる。それは、小売業の国内店舗数が約1,500万店に達し、その多くが零細小売店であることに起因している。売場面積が5㎡ほどの店内には商品をストックする場所が乏しく、また道路事情の悪い場所に立地している店舗が多いこともあって、地域のディストリビューターが零細小売店のすべての注文を受注して配達するのはコスト的にも採算がとれないからである。このため、ディストリビューターと中小零細小売店との間には、より細分化された地域で受注し、配送・販売する卸売業者が必要となっているのである。地域によっては、小売店に商品が届くまでに卸売業者が2社、3社必要となる場合も少なくない。インドの流通事情を考慮すれば多段階流通はその必要から生じたものといえるが、それだけに課題も多い。

　まずひとつめは、中間業者数が多ければ多いほど、配送までのリードタイムが長くなることである。さらに、納期を守らない中間業者も多く、小売店が在庫切れに陥ることもたびたび起きている。

　次に、中間業者が多ければ多いほど、商品に付加される流通マージンの支払い回数が多くなるため、小売業者のマージン率が低下してしまうことである。インドでは、加工食品を含むすべてのパッケージ商品には税込販売価格を表記する「最高小売価格（Maximum Retail Price; MRP）」表示と重量及び寸法基準に関する

規定（Standards of Weights and Measures（Packaged Commodities）Rules, 1977）が定められており[6]、これによって、商品を製造するメーカーは必ずパッケージの表面に小売店での最高販売価格、つまり「これ以上の値段では販売してはならない」という価格を印字することが義務付けられている。この制度は、過疎地など小売店の少ない地域の消費者が特定の店以外で商品を購入することができないなどの状況に乗じて、商品を不当に高く販売する事件が頻発したことから、それを防止するために設けられたのである。また、この制度は、卸売業者から商品を仕入れる小売店が、不当に高い商品を仕入れなければならないことを防止する役割も果たしている。そして、C&FAやディストリビューター、小売店のマージン率や税金は、このMRPに基づいて決定される。つまり、販売価格が決まっているため、中間業者が多くなればなるほど各業者が受け取ることができるマージン額は小さくなるのである。それゆえに、大規模小売店を運営する大手小売企業はメーカーとの直接取引を積極的に導入している。一方零細小売店の場合には、多段階流通であるからこそ商品の仕入れが可能となるため、配分されるマージン額は直接取引によるマージン額に比して少額となる。将来、組織化小売業が地方都市などにも積極的に進出するようになると、地元の零細小売店の収益性や生産性との間に大きな差が生じることになる。一方、このMRPは、農産物には印字の義務がない。このため、農産物などは地域によっては過剰な流通マージンの上乗せによる高価格販売がおこなわれている。このように中間流通業者が多く介在することによる流通の不透明性の解消も大きな課題である。

　さいごに、流通課題として商品配送の不適切さがあげられる。たとえば、商品を約束の時間内に確実に安全に運ぶということが流通業の常識として共有されていないのである。また温度管理が徹底されているコールドチェーン物流は、一部しか整備されておらず、その多くが外資系企業によるものである。このため、新鮮な商品を鮮度保持して小売店まで配送できている事業者は、生産者との直接取引を実施しているが、それらはコールドチェーン物流業者と契約している一部の大型小売店に限定されているのが実態である。これらの点も今後に残された大きな課題である。

3．食品小売業

（1）食品小売業の現状と発展

　インドには「小売店」として分類されている店舗が推計で1,500万店ほど存在している。日本の小売店数は約113.8万店であるから、10倍以上の店舗が存在することになる[7]。人口一人当たりの小売店数が世界で最も多いといわれる一方で、人口一人当たりの売場面積も最も小さいとも言われている。それは、1,500万店のうちの96％は売場面積5～20㎡ほどの小規模零細小売店だからである[8]。つまり、組織化小売業が運営する売場面積が1,000㎡を超えるスーパーマーケット・チェーンなどの大規模小売店は4％ほどであり、それも一部の大都市に出店しているにすぎないのである。

　一方、2011年のインド小売業全体の売上高は約39.5兆円（推計）で、そのうち食品小売業の売上高は23.7兆円で60％を占めている[9]。しかし、これらの食品小売業の売上高の多くは市場（バザール）や零細小売店であり、組織化小売業の割合はわずか2％である[10]。

　そもそも、インドにおける小売業態の近代的な発展は1980年代にスタートした[11]。最初に、Bombay Dyeing、Raymond's、S Kumar's、Grasimなどの民間繊維関連企業が、自らの製品を販売する目的で店舗展開しはじめた。その後、国内高級腕時計メーカーのTitanがインド各地にショールームを展開した。これがインドにおける民間組織化小売業の最初の成功事例とされている。ただし、これらはメーカーが自社ブランド製品を販売する店、つまり、シングル・ブランドの小売店である。1990年代に入ると、RPGグループのFoodworldやFutureグループのPantaloonなどに代表される組織化されたマルチブランド小売業が続々と誕生し、組織化小売業が発展段階に入っていった。このうち、FoodworldはRPGグループが51％、香港資本のDairy Farm International Holdings（DFI）が49％を出資して設立された食品や日用雑貨を取り扱う外資系小売業である。インドにおいてマルチブランドの外資に対する参入規制が緩和されたのは1997年であるが、

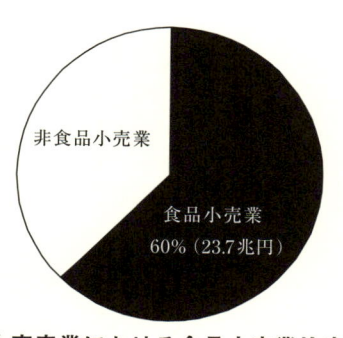

第 8 章　インドにおける食品流通システムと流通組織

図3　小売産業における食品小売業比率（2011年）
出典：USDA Foreign Agricultural Service（2012）

図4　組織化食品小売業比率（2011年）
出典：USDA Foreign Agricultural Service（2012）

　DFIは規制緩和が実施される前の1993年にインド市場に参入し、1996年には南部の大都市チェンナイ（旧マドラス）を基点に店舗展開をはじめており、規制の対象外の扱いになっている。このような規制以前の外資参入が、インドの現地資本に対してスーパーマーケット・チェーン経営のノウハウをもたらし、小売産業の近代化に大きく貢献した。Foodworldに出資するRPGグループには、店舗オペレーションなどの様々なノウハウがDFIから供与された。そしてFoodworldの営業拠点であるインド南部では、競合店がFoodworldの販売促進活動や店舗オペレーションなどを模倣した。それにより、複数店舗を展開し、チェーン展開する小売業も現れ、近隣競合店の近代化も急速に進展していった。この流れは1990年代後半から2000年代にかけてインド全土に拡大した。その後、インドの国内資本が牽引役となって組織化（チェーン化）に向けた小売業の新たな展開が始まったのである。つまり、インド食品小売市場における組織化小売業の歴史はわずか10数年であり、少しずつ同小売業の占める割合を高めはじめている段階なのである。

（2）食品小売業の業態

　インド各地に展開している主な食品小売業の業態は、大きく7つに分けられる。

食品小売市場の98％を占めるのは非組織化小売業で、市場（バザール）に軒をつらねる露店などの小規模店と、現地で「キラナ」と呼ばれているいわゆる「パパママ・ストア」を指す。

アジアの発展途上国などでは、生鮮品の鮮度は「凍っていないもの」や「手で触ることができるもの」と考えている消費者が多い。インドも同様で、スーパーマーケットの冷蔵什器にビニールパックされて陳列された生鮮食品よりも、太陽の光が降りそそぐ小売店の軒下に陳列された商品を手にとって直に鮮度を確認できる市場のほうが、より鮮度の高い商品を購入できると考えて、市場での購入を好む消費者がいまだに大多数を占めている。また、市場での売手や店主との会話や値引き交渉などによるコミュニケーションを重視している消費者も少なくない。

キラナでは、小規模店舗は5㎡、大きな店でも20㎡ほどの売場に、多くの数の商品を陳列し、販売している。これら商品は、消費者がその当日に必要な商品を

表1　インドで展開されている主な食品小売業態

【非組織化小売業】

	売場面積（m²）	概要
市場	－	朝から夕まで、または夜間に開かれている市場（マーケット）で商いをする店。青果や調味料などの加工食品、飲料などを販売。
キラナストア	5-20	パパママストアのことを指す。当用買い向けの加工食品、飲料および若干の日用雑貨を取り扱う。

【組織化小売業】

	売場面積（m²）	概要
グロサリーストア	50-300	組織化版のキラナストア。キラナストアよりも売場面積が広め。当用買い向け生鮮品、加工食品、日用雑貨商品を取り揃える。
コンビニエンスストア／フォーコート	100-150	日本のコンビニエンスストア形式の店はわずか。ガソリンスタンド併設小型店のフォーコート業態は主要都市で展開されている。
スーパーマーケット	1,000-3,000	主として生鮮品、加工食品を取り扱う。住宅街に隣接する場所に立地する。
ディスカウントストア	3,000-5,000	非食品を取り扱う店が多いが、食品を取り扱う店もある。欧米のディスカウントストアに比べると売場面積が狭い。
ハイパーマーケット	6,000-12,000	食品以外に非食品を揃えた業態。主に大都市郊外のモール内に立地する。

出典：USDA Foreign Agricultural Service (2012)、筆者ヒアリング調査。

第8章　インドにおける食品流通システムと流通組織

必要な分だけ購入する当用買い目的の商品が主である。キラナは地域に根ざしており、消費者の要望があれば電話で商品を受注し、商品を自宅まで配送している。また、いわゆる「ツケ」の利く小売店が多いため、スーパーマーケットのような即金払いに比べて便利だと考える消費者も多い。さらに、市場での買物と同様に、地元の店とのコミュニケーションを重視する消費者にも好まれている。

　一方、食品小売市場全体の2％に当たる組織化小売業は、複数の業態に分化している。中でも最も店舗数が多いのが売場面積50〜300㎡のグロサリーストア業態であり、インド全土に2,000店前後展開していると推計されている（USDA Foreign Agricultural Service, 2012）。そしてこのグロサリーストアが組織化小売店全体の約2/3を占めている。コンビニエンスストア業態は、インドではほとんど見られないが、首都デリー市内に展開しているTwenty Four Sevenは、日本のコンビニエンスストアを模した運営をしており、テイクアウトのサンドウィッチなども品揃えている。しかし、数店舗の展開に留まっており、多店舗展開やフランチャイズ方式での経営には至っていない。ガソリンスタンドに併設された小型の小売店であるフォーコート業態は、自家用自動車の普及率が上昇している大都市を中心に店舗展開しており、店舗数も増加している。スーパーマーケット業態やハイパーマーケット業態は大型小売店であり、先述したFuture グループやRPGグループ、Relianceグループ、TATAグループといったインドの巨大財閥が有する複合企業グループに所属する小売企業が中心となって展開している。

　これらのスーパーマーケットやハイパーマーケットなどの大規模小売店は大都市に多く、徒歩で買い物に行けるような住宅街の近隣に数多く立地しているわけではない。したがって、自家用車を所有し、まとめ買いをした商品を貯蔵しておくことのできる冷蔵庫を持っている高所得者層を中心に利用されている。また、経済成長に伴い所得に余裕ができた中間所得者層も大規模小売店を利用するようになっている。それら中間所得者層の買い物には、大都市郊外に建設され続けているショッピングモールも大きく貢献している。休日には、レジャーを兼ねてショッピングモールに出かけるのが楽しみという中間所得者層が増加している。彼らは、ショッピングモール内に出店しているハイパーマーケットでの買物を経験

表2　主なインドの複合企業が展開する業態別食品小売店

グループ名	小売運営会社	業態		
		HM	SM（ミニSM含む）	CVS
Future Group	Future Value Retail	Big Bazaar	Food Bazaar	KB's Fairprice
Reliance Group	Reliance Retail	Reliance Mart	Reliance Super	
			Reliance Fresh	
RPG Group	Spencer's Retail	Spencer's Hyper	Spencer's	
TATA Group	Trent	Star Bazaar		

出典：各社アニュアルレポート。
注：HM:ハイパーマーケット、SM：スーパーマーケット、CVS：コンビニエンスストア

し、その快適性や利便性を知ると、徐々にレジャーの際の買い物だけではなく、日常の買い物もスーパーマーケットなどの組織化小売業を利用したいと思うようになり、そうした購買行動をとるようになる。こうした消費者行動を背景に、組織化小売業を展開する企業グループが、市街地にも小型のスーパーマーケットを展開するようになっており、徐々にではあるが組織化小売業の店舗数が増加する傾向にある。

(3) 組織化（チェーン）小売業の課題とその将来

　以上のように、2000年代以降、組織化された小売業が成長してきているが、課題も多い。そのひとつには急速な店舗展開による倒産の増加があげられる。インド資本のディスカウントストアSubhikshaは、1997年に創業し、低価格での商品販売が消費者に受け入れられ、店舗展開を加速させた。2005年には店舗数が500を超え、「インドで最も成功した小売業」と称賛されるまでになった。しかし、その4年後の2009年に倒産した。1年に100店舗を超える新しい店舗をオープンさせ、店舗展開と既存店の維持に資金が追いつかなくなったのが原因と言われている。したがって、自社の資本力と投資コストと投資資金の回収時間を検討した上での出店戦略が不可欠である。

　また、急速な店舗展開にオペレーションがついていけないという課題もある。一例をあげると、それぞれの店舗における要冷蔵商品の管理である。一部の組織化小売業ではコールドチェーンを利用し、要冷蔵商品を適切な温度管理の下で物

第8章　インドにおける食品流通システムと流通組織

流センターに配送し、その後それぞれの店舗（個店）に配送している。しかし、コールドチェーン配送されてきた要冷蔵商品に対して、店内で適切な温度管理ができていない小売店が多い。あるハイパーマーケットでは、冷蔵什器はあるが電源が入っていない、あるいは冷蔵什器に電源は入っているが要冷蔵の商品が冷蔵什器に陳列されていないといった光景がみられた。また、別のスーパーマーケットでは、冷蔵什器に非冷蔵商品が陳列してあったり、要冷蔵商品が一般什器に陳列されているといったケースもあった。これらは他の小売店舗でもよくみられる現象である。本部の方針に個々の店舗が対応しきれていない、つまりオペレーション管理が徹底していないのである。また、商品が店舗まで配送されてきても、店舗内で商品の補充がされておらず、販売の機会を逃しているケースもみられる。

　さらに、商品の情報管理も大きな課題である。商品を供給するサプライヤーと大手を中心とした組織化小売業は、各商品の情報をマスターデータとして登録し、商品の受発注や在庫管理などを実施するが、インドではこのマスターデータの登録が適切でない場合が多く、サプライヤーと小売業間のマスターデータの不整合の割合が約70％に達していることが調査結果で指摘されている（GS1 India and Confederation of Indian Industry, 2011）。たとえば、先述したように最高価格制度MRPが度々改定され、そのたびにメーカー側が商品の価格を変更する場合がある。その際にはC&FAが再パッケージを実施するか、あるいは印字の修正措置を施すなどの対応をし、その上で商品のマスターデータを変更する必要がある。同時に、その商品における小売業側のマスターデータも変更されることになる。しかし、どちらかのデータが変更されていない場合があるとデータの不整合を引き起こすことになる。これらの不整合によって、小売業と加工食品および日用雑貨商品のサプライヤーがこの5年間に失った損失は、合計で約600〜750億円と推計されている。小売業の経常利益率は総じて高くないため、これらの損失は企業にとって大きな痛手となり、小売産業全体の発展を阻害する要因にもなりかねない。欧米諸国や日本などを含めて世界各国が進めている商品マスターデータの同期化をインドの場合にも徹底させていく必要がある[12]。

　インド市場に展開しているスーパーマーケットやハイパーマーケットは、その

ほとんどがインド資本によるものであるが、欧米諸国で流通やマーケティングを学んだ経営者も少なくない。流通業態の開発や直接取引方式などはウォルマートやカルフール（Carrefour）などの欧米様式を倣ったものが多いが、店舗のオペレーションなどでは欧米様式を習得できていない部分がまだ多いのが現状であり、今後の課題である。

4．外資系小売業に対する規制緩和政策

（1）マルチブランド小売業への外資参入の規制緩和

1997年の外資に対する参入規制以来、スーパーマーケットなどのマルチ・ブランド小売業への外国企業による出資はまったく認められてこなかった。このため、世界売上No.1小売業のウォルマートは、2007年に現地資本のバルティ（Bhalti）と合弁会社を設立し、外資参入が認められている卸売業態（キャッシュ＆キャリー業態）で市場参入した。また、ウォルマートに次ぐ外資系大手小売業のカルフール、テスコ（Tesco）、メトロ（Metro）なども同じ業態での市場参入を果たしている。しかし、このままで現在の業態を拡大させていくことが最終目標ではなく、マルチ・ブランド小売業の外資参入規制が緩和されるまでの一時的な対応策であると考えられる。

このような状況の下で、2012年9月にインド商工省産業政策促進局（DIPP）は、官報で小売業の外資規制緩和に関する実務的な手続きを公示し、即日施行した。これによって、マルチ・ブランド小売業への外国企業による参入は51％以内の出資という条件付で認められ、インド市場への参入が可能となった。一方、従来から条件付きで51％までの出資が認められていたシングル・ブランド小売業については、2012年1月に出資比率が100％に引き上げられた。そして今回、出資比率以外の参入条件も緩和されたことによって、より投資がしやすくなった。

インド政府は海外からの投資が流入することにより、小売産業および関連産業の成長発展を促すことを目指してきた。しかしながら、マルチ・ブランド小売業への外資の参入については、地元の零細小売店や関連業界団体などの反対もあっ

第8章　インドにおける食品流通システムと流通組織

表3　インド小売市場への外資参入条件（マルチ・ブランド小売業）

(1)	投資上限は51％であること
(2)	果物、野菜、穀物、豆、生きた家禽（かきん）類・魚介類、その他肉製品を含む農水産品は固有のブランド名のないものであること
(3)	農産物の調達は政府が優先権を有すること
(4)	最低投資額は1億USドルであること
(5)	最初の投資から3年以内に、投資額の最低50％を土地の購入や賃貸費用以外のインフラ整備（製造、包装、流通、倉庫の整備など）に投入すること
(6)	製品調達額の30％をインド国内の小規模産業（工場、設備への投資額が100万ドル以下）から調達すること 初めの5年間は製品調達総額の平均で達成すればよいが、その後は1年ごとに達成すること
(7)	店舗は人口100万人以上の都市に立地すること

出典：日本貿易振興機構（JETRO）「日刊通商弘報」（2012）より作成。
注：1）実際の施行については各州や連邦直轄地の判断に任せられている。
　　2）上記に該当するマルチブランド小売業が電子商取引による小売販売をすることは認められていない。
　　3）外国投資促進委員会（FIPB）による認可検討に先立って、商工省産業政策促進局（DIPP）が条件を満たす投資か否かを確認する。詳細は日本貿易振興機構（JETRO）ホームページを参照のこと。

て、すぐには規制緩和が実現しなかった。2011年に、一度は外資に対する市場開放を閣議決定したものの、業界の猛反発を受けて施行を延期した経緯がある。

このため、今回の規制緩和によるマルチ・ブランド小売業への外資系流通業の参入条件については以下の2つに関して配慮した内容となっている。そのひとつは、地元の零細小売店などへの配慮であり、他のひとつはインド小売市場への参入を検討している外資系企業に対する配慮である。

まず、地元零細小売店などに対する配慮は、外資系企業の参入条件として大都市圏への出店を義務付けたことである。国内の零細小売店の多くは地方都市や農村地域に立地している。このため、外資系企業の参入は人口100万人以上の都市で尚かつ市街地から10km以内で交通至便な場所であること、人口100万人以上の都市がない州に関しては、その州の人口最大都市への立地が望ましいとするなど、極力零細小売店と競合しない立地先への出店を条件にしているのである。また、外資系企業の参入条件として初期投資から3年以内に投資額の最低50％を土地購入や賃貸費用以外のインフラ整備に投資することも条件としている。これらの参入条件によって、外資系企業が短期間に店舗数を拡大する力を抑制し、零細小売店に対して悪影響を与えないように配慮している。一方、外資系企業に対しての

表4　インド小売市場への外資参入条件（シングルブランド小売業）

(1)	販売する製品は単一ブランドに限ること
(2)	販売製品のブランド名は、製品に対して国際的に使用しているブランド名と同一であること
(3)	単一ブランド小売業で扱う製品は、その製造過程でブランド名を付けられた製品のみとすること
(4)	単一ブランド小売業を営むのは、単一ブランドの所有者もしくは非所有者のいずれかでインドの非居住者であること
(5)	出資比率が51％を超える場合には、製品調達額の30％をインド国内から調達すること（調達先は国内の中小企業や小規模産業であることが望ましく、初めの5年間は製品調達総額の平均で達成すればよいが、その後は1年ごとに達成するのを目標とすること）

出典：日本貿易振興機構（JETRO）「日刊通商弘報」（2012）より作成。
注：上記該当のマルチブランド小売業が電子商取引による小売販売をすることは認められていない。詳細は日本貿易振興機構（JETRO）ホームページを参照のこと。

配慮は、「製品調達額の30％をインド国内の小規模産業から調達」するという条件を、投資開始年からの条件とせずに、投資開始初期から5年間は製品調達総額の平均値で達成すればよいとしたことである。初期コストがかかり、かつビジネスを軌道にのせるまでに追加コストがかかる投資初期段階での企業の負担を軽減する措置をとったのである。

(2) インド政府の狙い

　この流通業の規制緩和における政府の狙いは次のようなものと考えられる。それは、①外資系企業が持っている様々なノウハウが提供されることにより、流通インフラが整備され小売産業および関連産業の発展が促されること、②外資系企業の有する組織化小売業の運営ノウハウがインド市場にスピルオーバーし、流通産業の生産性が向上すること、③外資系企業の商品調達対象となる国内の小規模産業の成長に繋がること、④新たな雇用が創出されること、などである。地元の零細小売店の反発を回避する条件を提示しつつ外資系企業のインド市場への参入を認め、参入する外資系企業に対しては国内流通のインフラ整備を条件とし、課題の多い国内の流通システムの効率的な発展を促すという狙いがあるのである。そして参入した外資系企業と提携して、49％まで共同出資が可能な現地企業は、物流システムや情報システムの構築、店舗オペレーション、マーケティングなどあらゆるノウハウを当該外資系企業から供与されることになる。この外資系企業

第8章　インドにおける食品流通システムと流通組織

の経営ノウハウは、共同出資している現地企業だけではなく、取引メーカーや卸売企業、ディストリビューターにも波及し、各部門での生産性の向上が期待できる[13]。これらのノウハウは競合他店も模倣し、小売産業全体の生産性の向上も期待できる[14]。さらに、出店数が増加することによって雇用が増加し、経済そのものが発展する可能性が高い。とりわけ、増大し続けている中間所得者層およびそれよりも所得の低い層の所得向上に寄与することが想定される。これらの点についての政府の期待が集約されているのが今回の規制緩和である。

(3) 外資系企業のインド市場進出の参入障壁

　インド政府の狙いどおりになれば、インド小売産業の大きな発展が期待できる。しかしながら、外資系企業のインド市場への参入に対して懸念材料がないわけではない。それは、今回の参入条件に含まれている最低投資額が1億ドルと高額であること、そして3年以内に投資額の50％はインフラ整備に投資しなければならないことである。資金的に余裕のない外資系企業のインド市場への直接投資を阻む可能性も少なくないのである[15]。

　この点について、新たな貿易理論である「輸出の継続性」によれば、貿易取引において、先進国のバイヤーと発展途上国のサプライヤーがどのような取引関係を築くのかに関しての理論モデルが提示されている（Rauch and Watson, 2003）。これは、サプライヤーの生産コストやサプライヤーを探すサーチコスト、大口取引契約の成功確率などによって、どの程度の大きさの取引を実施するかをバイヤー側が選択するというモデルである。仮に取引コストが高ければ、また契約における投資額が大きければ大きいほど、バイヤー側は大口取引を避ける可能性がある。したがって、貿易取引は当初から大口の取引ではなく "Start Small"、つまり最初は小口の発注から始めて一定期間取引が安定して継続できれば大口の発注に移行するというパターンとなることが実証分析によって明らかにされている（Besedes, 2007）。今回の規制緩和による外資系企業のマルチブランド小売業への投資を初期の取引と捉えるならば、出資の50％をインフラ整備に当てることは大きなコスト負担であり、また最低1億円という出資額は大口取引に当たるため、

それらの取引を避けて小口の取引からビジネスをスタートするのが無難である。しかし、今回の規制緩和の参入条件は厳しく、参入企業には最初から小口取引を排除した大口取引のみを認める条件のようにも受け取れる。それは外資系企業に対する参入障壁となり、インド市場に参入しないことを選択する外資系企業も出てくる可能性がある。

　もとより、ウォルマートのようにすでに現地でのパートナー企業の選定が終了し、キャッシュ＆キャリー業態でインド市場に参入し、"Start Small"を経験した企業であれば、大規模投資の成功確率を見極め易いものと思われるが、すべての外資系企業にそれが当てはまるわけではない。少なくとも日本のマルチ・ブランド小売業で、ウォルマートのように規制緩和以前にインド市場に進出している企業は皆無である。これまでの日本の総合小売業、食品スーパー、コンビニエンスストアの海外進出状況をみると、最初から大きな投資をせずに"Start Small"、つまり最初は1店舗、2店舗から出店し始めるトライアル的な投資が多く、それが一定期間安定的に収益が確保された場合にのみ直営店舗数を増やすというパターンの進出が多い[16]。インドのケースのように、初期投資額の50％をインフラ整備に充当しなければならないことを考慮すると、今回のインド市場の規制緩和による参入条件の提示は、日本のマルチ・ブランド小売業にとって極めて高いハードルになるものと思われる。

5．おわりに

　インド市場への外国企業の参入による小売産業および関連産業の生産性向上という点から考えても、現状の流通上の大きな課題であるインフラ整備の遅れ、組織化小売業の課題であるオペレーションの欠如といった点を改善することが、小売産業の発展に不可欠である。それには外資系企業による資本投下や経営ノウハウの提供が不可欠であり、かつ一定期間に亘っての継続性が必要となる。このため、外資系流通企業の投資意欲を高めるためにはより一層の規制緩和が必要である。しかし、国内企業の反対が根強く、直ちに大幅な規制緩和が実施されるとは

第8章　インドにおける食品流通システムと流通組織

限らない。このような状況下で、すでに欧米食品小売業は市場進出をしはじめている。現地ヒアリング調査の際の、あるインド人経営者の話しによれば「日本の流通企業がパートナーシップの契約交渉にきたが交渉は決裂した。欧米の流通企業の場合にはある程度のレベルの役職者には権限が与えられており、即時契約が可能であるが、日本の流通企業の場合には部長や取締役はもとより、社長と直接交渉しても直ちに決断できない。なぜかと聞くと『帰国後、役員会議に計らないといけないから』と答えた。結局、早くビジネスがスタートできる他の国の流通企業と契約した」とのことであった。このような発言は他でも聞かれた。現状のインドの食品流通システムの課題解決のために日本の流通企業が提供できるノウハウは多く、インドの産業界からも歓迎されている。また、日本の流通業者だけではなく、食品製造業にとっても、世界第2位の人口大国であるインドの巨大市場は魅力的である。しかし、欧米企業に市場を席巻された後の市場参入では手遅れである。規制が緩和された今もインド市場の参入障壁は決して低くないが、競合企業の状況を鑑みれば、よりスピーディな対応が必要である。

注
1）外商投資商業領域管理弁法による。ただし、小売事業においてはタバコを販売してはならないなどの例外事項がある。
2）日本貿易振興機構（JETRO）「日刊通商弘報」2012年9月24日付より。また、本章で述べるシングル・ブランド小売業とは、たとえばソニーブランドの電化製品だけを販売する店のことを指し、マルチ・ブランド小売業とは、さまざまなメーカーが製造する加工食品、日用雑貨、衣類などを取り扱う小売業のことを指し、たとえるならイオンやイトーヨーカ堂などである。
3）外国資本規制がされる前に市場参入したマルチ・ブランドを取り扱う小売企業は、多店舗展開が認められている。
4）図1、図2では個店を示す「中小零細小売店」に対応する形で組織化小売業が展開する店舗を「大規模小売店」とした。
5）Clearing and Forwarding Agentsとも言う。
6）2000年11月24日付商工省通達No.44では、インドへの輸入品にもパッケージ毎に最大小売価格（MRP：Maximum Retail Price）や輸入業者名などの表示を義務付けている（日本貿易振興機構（JETRO）ホームページ「海外ビジネス情報―インド、貿易管理制度」より）。

7）経済産業省（2009）による。
8）National Bank for Agricultural and Rural Development（2011）より。
9）各レポートの推計にはばらつきがある。市場の売上高の正確性や組織化小売業の定義に差があるためである。本稿では、The Boston Consulting Group and Confederation of Indian Industry（2011）の2010年推計値とUSDA Foreign Agricultural Service（2012）の2011年推計値を使用し、2011年の推計値としては後者を採用した。なお、数値は2011年期中平均レートによる日本円換算である。
10）小売業全体における組織化小売業比率は6％である（USDA Foreign Agricultural Service（2012））。
11）1980年以前から民間の小売店舗、あるいは政府主導による小売店舗は存在したが、民間の組織化小売業の近代的発展という観点から1980年代が最初とした（NBARD（2011）、横井（2008）より）。
12）同期化とは、同一商品に対してサプライヤー側とリテイラー側の情報を統一化することである。これにより、登録ミスによる品切れ等が防止でき、かつ作業の効率化が可能となる。
13）Javorcik et al.（2008）によると、ウォルマートのメキシコ市場参入による石鹸洗剤産業の生産性向上結果から、外国小売企業の市場参入による関連産業の生産性向上が期待できると考えられる。
14）横井（2011）による韓国小売市場への外資参入による小売産業の生産性向上結果から、競合小売産業を含めた生産性向上が期待できると考えられる。
15）参入条件には、明確でない部分も多い（たとえば、新規投資が過去にさかのぼって適応されるのかなど）。そのため、資金に余裕がある世界的小売業でも、すぐに参入申請はせず、熟慮が必要になっている。実際に、規制緩和施行から半年以上たった時点でも、マルチブランド小売業態での参入申請をした外国企業は皆無である。
16）展開業態によっては、直営店舗を運営せずにエリアフランチャイズ契約で海外市場進出をする場合もある。

参考文献

Besedes, Tibor.（2007）,"A search cost perspective on formation and duration and trade", Louisiana State University Department of Economics *Working Paper Series* 2006-12.

Dabas, C. S., Sternquist, B., Mahi, H.（2012）,"Organized retailing in India: upstream channel structure and management", *Journal of Business and Industrial Marketing*, pp176-195.

Ernst & Young（2009）,"Flavours of incredible India-Opportunities in the food

第8章　インドにおける食品流通システムと流通組織

　　industry".
GS1 India and Confederation of Indian Industry (2011), "The India Data Crunch Report 2011".
Javorcik, B., Keller, W., and Tybout, J. (2008), "Openness and Industrial Response in a Wal-Mart World: A Case Study of Mexican Soap, Detergents and Surfactant Producers", *The World Economy*, v.31, pp.1558-1580.
National Bank for Agricultural and Rural Development (NBARD) (2011), "Organised Agri-Food Retailing in India".
Rauch, James E., Joel Watson (2003). "Starting small in an unfamiliar environment," *International Journal of Industrial Organization*, Vol. 21, pp.1021-1042.
Reardon, T., Minten, B. (2011), "The Quiet Revolution in India's Food Supply Chains", *Discussion Paper* No.01115, International Food Policy Research Institute New Delhi Office, pp1-22.
The Boston Consulting Group and Confederation of Indian Industry (2011), "Building a New India-The Role of Organized Retail in Driving Inclusive Growth-".
USDA Foreign Agricultural Service (2012), "India's Food Retail Sector Growing", Global Agricultural Information Network, No.IN2059.
経済産業省（2009）『平成19年商業統計表　業態別統計編（小売業）』。
横井のり枝（2008）「小売業の国際化要因―インド市場における外資小売業の市場参入モデルと日本の卸売業への示唆」『流通情報』第466号、財団法人流通経済研究所、pp22-28。
横井のり枝（2011）「流通業のアジア進出が現地に与える生産性効果への考察―ケーススタディを中心として」『紀要』第41巻、日本大学経済学部経済科学研究所、pp231-246。

第Ⅲ部　フードシステムを取り巻く社会経済環境の変化と資源・環境問題

第 9 章

腐敗撲滅運動と食料消費の実態
―ターネー市の調査を中心に―

上原　秀樹

1．はじめに

　本章では以下の2点に焦点を当てて考察する。本書の第11章の課題でも指摘したが、インドでは賄賂と社会不正問題が近代化と潜在的な経済成長の可能性を阻害している。この賄賂・腐敗問題に取り組む社会活動家の運動と人物を理解することで、インド社会の格差と飢餓問題のひとつの側面を理解することが本章の課題の一つである。第2の課題は、インドにおける食料消費に関する聞き取り調査結果を紹介しながら、特に「開放政策」以降に急増しつつある中間所得層の台頭に伴う格差拡大および食料消費の変化とその特徴について、インタビューデータを基に分析を試みる。対象地域としては、マハラシュトラ州におけるムンバイ市のベッドタウンとして位置づけられるターネー県、ターネー市の事例を取り上げる。現地実態調査は2011年8月に実施したが、その結果を踏まえながら、インドにおける食料消費の実態と変化の特徴を捉え整理することとする。

2．腐敗撲滅運動と社会活動家のアンナ・ハザレ

　高度成長を続けるインドではあるが、冒頭で述べたように、表面化した社会不正問題が後を絶たない。本論を展開する前に、その一事例を紹介することで高級官僚の不正蓄財と低所得層との格差拡大の一要因を紹介することとする。マンハ

ッタン連邦地検は2013年12月にニューヨーク駐在の女性の副領事を不正就労ビザ申請の容疑で逮捕した。AFPBB News（2014年1月10日株式会社クリエイティヴ・リンク）によると、ある「副領事は、インドの賃金水準を満たしているものの米国では法定最低賃金を大幅に下回る月給3万ルピー（約5万円）で家事使用人を雇用していた。さらにこの使用人の短期就労ビザ申請書類には、月額4,500ドル（約47万円）で雇用すると虚偽の記載をしていた」という起訴内容を報じている。この事件がインドとアメリカ合衆国間の外交問題に発展したが、その背景には、両国民の法制度に対する認識の相違と履行がその深層根底にあるものと思われる。ただし、本稿のテーマと関連する内容として指摘しておきたいのは、インドにおけるカースト制度は法的に撤廃されていても、国民の職業と結びつくカーストの差別意識は社会慣習として常態的に存在していることが表面化したことである。それが国際的に顕在化した要因として、この事件がインドとは異なる市民社会の意識を持つアメリカ合衆国内で発生したからである。

　著者は、2011年8月初旬に成長著しいインド最大の金融・商業・貿易都市であるムンバイ市近郊のターネー市において104人（有効回答者数102人）の中間所得層を対象に、食料消費と家計の実態に関するアンケート調査を行った。ムンバイ市の南西部の沿岸地域ではムンバイ名物のボリウッド映画で名を成した富裕層とICT業界、金融業界等で成功した人たちが居住する高級高層マンション群が立ち並ぶが、ムンバイ市北部地域と隣接するターネー市（Thane）の地域においては、2005年以降に急増する中間所得層が多く居住する。

　調査当時は毎晩のように、インド議会における「汚職防止対策法案」に関する白熱した討論がニュース番組で放映されていた。当然ながら滞在中のホテルでこれらの番組に見入っていたが、残念ながらムンバイ滞在中は、その法案審議の結末を知ることはできなかった。しかし帰国直後に、以下のようなニュースが流れた。2011年8月28日の時事通信によると、「現代のガンジー」と呼ばれるインドの著名な社会活動家であるアンナ・ハザレ（Anna Hazare）は、中央政府のすべての公務員を例外なく汚職捜査の対象とするなど、より強力な腐敗防止のための法律すなわち*Jan LokPal Bill*の制定を求め、首都ニューデリーで大規模ハンスト

第9章　腐敗撲滅運動と食料消費の実態

集会を続けてきた（LokPal「腐敗防止オンブズマン法」はサンスクリトで一般市民を守る意味を持つ）。

　ハンガーストライキに参加したのは、もちろんインド極貧層のアンタッチャブル（不可触民）と低所得層などではなく、マスメディアを中心とした知識階層の一般市民がほとんどである点に注目すべきであろう。このハンストの拡大には、ネットによる情報の発信と携帯電話が果たした役割は無視できないが、マスメディアが果たした役割はそれ以上に大きいものがある。そこが中国の反腐敗・反汚職運動とは異なる。結局は、インド議会が8月27日夜、アンナ・ハザレが求めている厳格な汚職対策法案の一部を「原則的に承認する」との決議を採択したことを受けて、彼自身は12日間にわたって実施していたハンストの終了を宣言したのである。これによってインド主要都市に拡大しつつあったハンストによる社会運動はひとまず収束した。

　ところで、国際的NGOの*Transparency International*が公表している腐敗認識指数の世界ランキングでみる限り、2006年以降2010年までの指数（最高指数10は腐敗がほぼ皆無とみなす）は3.4-3.5と停滞し、世界ランキングでも70位から87位まで徐々にその順位を落としてきているのがインドである。同期間において、インド経済の実質GDPのパイが25％以上拡大した分、賄賂・腐敗が末端の公務員まで拡大しているのではないか。例えば、*Transparency International*によると、過去1年間に公共サービスを受ける際に賄賂を要求され、それに応じた経験があるインドの家計は、全世帯の54％にも上るという調査結果を出している。この54％の中には、賄賂を要求した経験を持つ家計も多数存在するであろう。

　さらに、次の図で示した著作権の侵害に関するインド政府のデータを参考にしてみよう。それによると、インドはパキスタン、ベトナム、中国などよりも低いものの、世界でも著作権侵害の著しい国の一つとなっている。さらに、*The Economic Times*（2011年8月11日）によると、政治家と官僚を中心としたインド国民のスイス銀行への預金は徐々に減少しているもののその額は世界一だという報告を行っている。つまり、今回の*Jan LokPal Bill*の法案が通過し、政府から独立した捜査・監視機関がインド議会によって創設されても、インド社会の根底

157

第Ⅲ部　フードシステムを取り巻く社会経済環境の変化と資源・環境問題

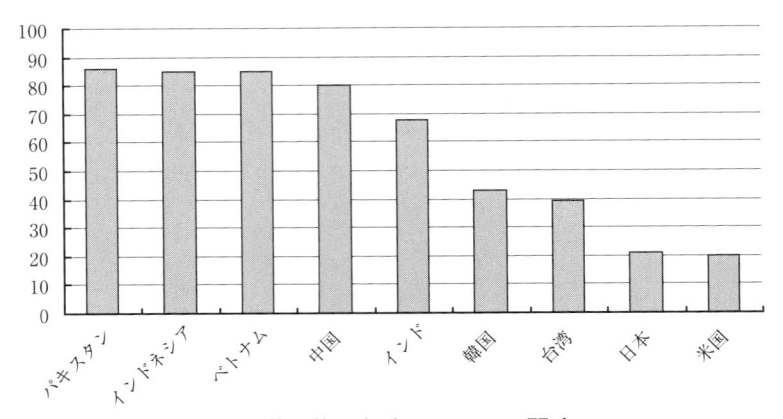

図1　著作権の侵害：ITソフト関連、%

出典：Statisitical Yearbook of India、2010

に深く根付く賄賂・腐敗の意識をなくすことは容易ではない。ガンジーのように非暴力主義によって国民共通の敵である外国人を追い出し独立を勝ち取ることができても、彼に倣って、非暴力主義でアンナ・ハザレが汚職対策法案を勝ち得て成立させても、その法律による規制だけでは多言語社会で人種的にも宗教的にも完全には一致せず「地域主義」的性格を持つ自国民の意識をそう簡単に変えることはできないのだ。今後は腐敗撲滅に向けて、より困難な戦いの時代がインド社会を待ち受けている。

　1937年6月生まれ74歳の独身アンナ・ハザレは、ムンバイ市を州都とするマハラシュトラ州の出身で、幼少のころは貧困ゆえだいぶ苦労したようである。*Transparency International*の情報によると、元軍人でもある彼は、インド軍から支給されるペンションだけで質素な生活を送っているが、州都のムンバイ市を拠点に社会運動を進めている。彼は、「穀物銀行」も手掛け、食料増産と農村社会開発を成功させた。特にムンバイ市から東の内陸部に位置するRalegan Siddhi村の事例ではインドだけでなく世界的にもその名が知られているが、2008年度には公共サービスで貢献した人物に与えられる世界銀行の*Jit Gill Memorial Award*を受賞している。

　アンナ・ハザレの世銀からの受賞の背景には、12億に近い人口大国インド人の

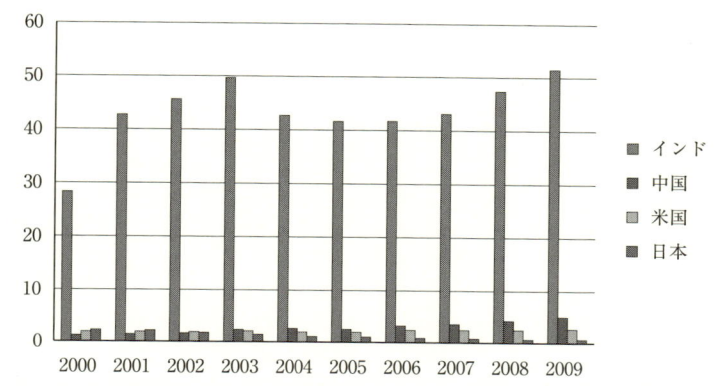

第9章　腐敗撲滅運動と食料消費の実態

図2　ICT関連サービスの輸出（全サービス産業に占める割合、％）
出典：UNCTADSTAT

70％以上が農村で暮らしかつ貧困層が多いことがあげられる。農村においては、それだけの人口を支える食料増産と安定供給が求められているのである。インドは図2で示したように、アメリカ、中国などと比べ、ICTサービス産業部門の輸出割合が50％（2009年）を超え、その発展ぶりが突出していることが分かる。しかし今後、若年層を中心とした労働人口の雇用を拡大するには、情報通信技術のソフト開発のみに限定せず、労働集約的な製造業部門とその他多様なサービス部門を都市部だけでなく、農村部においても拡大し、持続的に発展させることが求められている。特に、都市部の労働者に対しては、食料を安定的にかつ安価に供給することが求められる。それゆえ農業・農村開発と食品加工業の開発に関する適切な政策的対応が最も重要な位置づけとなっている。

3．背景にある「新しい飢餓問題」

　アンナ・ハザレを支援し、汚職対策法案の成立に向けてハンスト集会に参加したインド国民が持つシン前政権および政府役人に対する不満と感情は複雑で、汚職問題のみに集約されるような単純なものではない。社会構造の問題から人種・宗教および政治・経済的な問題まで実に様々な要因が絡み合っている。本稿では、

第Ⅲ部　フードシステムを取り巻く社会経済環境の変化と資源・環境問題

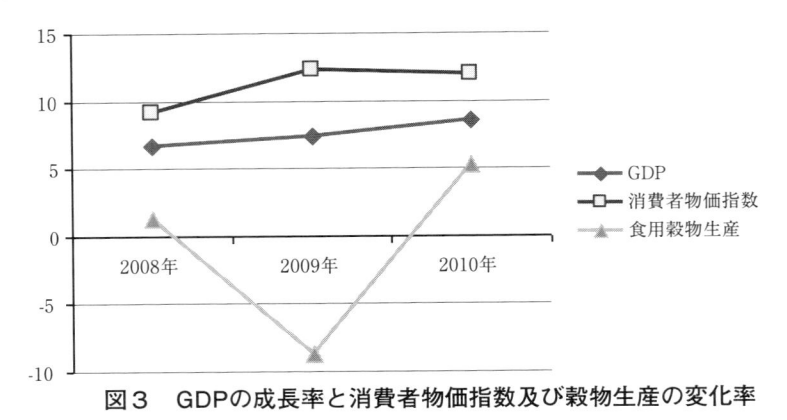

図3　GDPの成長率と消費者物価指数及び穀物生産の変化率

出典：Statistical Yearbook of India, 2010

　ハンストを拡大させた背景の一つとして、日本のマスコミでも取り上げられたインド富裕層の「食べ残し問題」と2010年前後に見られた食料価格の高騰およびインフレに対する国民の不満が蓄積されていることを挙げておこう。現地調査の数ヶ月前にはシン前政権の閣僚が絡む汚職も表面化し、国民の怒りは最高潮に達していた。

　「食べ残し問題」は、経済発展に伴う貧富の格差拡大の実態も表面化させることとなったが、新興工業国における中間所得・富裕層の台頭といわゆる「新しい飢餓問題」をクローズアップさせることとなった。つまり、これまでの伝統的な概念でとらえられていた慢性的な供給量不足と絶対的貧困ゆえの「飢餓」ではなく、貧富の格差拡大に伴って起こる食料需給のアンバランスを発生させ、相対的貧困層に対する食料価格の高騰を招いていることが問題であり、インドにおいてもこれが社会問題となっている。このことに関連して、以下のGDPの実質成長率と食用穀物生産および消費者物価指数の変化率を表した図（出典：*Statistical Yearbook of India, 2010*）を参考に、少しその背景にある要因について、把握しておこう。

　図3では、消費者物価指数が2008年の9.1％から2010年には二ケタ台の12％まで上昇しているのに対し、GDPは6.7％から8.5％、穀物生産は1.3％から5.3％まで

(ただし2009年はマイナス）の成長にとどまっている。要するに、2008-2010年の3年間に、高い経済成長率（国民所得の上昇）とともに食料需要は増大しているが、それに見合うような食料生産と供給の増大にはつながっていないことが明らかとなっている。過去数ヶ月間においても生鮮野菜類を中心とした食料価格が高騰し、食料インフレ率が9％台であることが報道されている（Wall Street Journal, 2011年6月9日）。この数年間の降雨量は十分に確保されているにも関わらず、食料の生産と供給が追い付かないのである。インドでは周知のようにベジタリアンが多い（現地JETRO事務所によると、完全な菜食主義者は全体の3割程度）。また肉を食べる人たちであっても根菜類、豆類、野菜類が中心で、肉食量は限られていることから、玉ねぎ、豆類などの価格の高騰は、特に労働者階級の一般市民の家計を直撃している。

4．食料消費の実態：ターネー市の事例

今回の調査対象地に選定したマハシュトラ州のターネー県、ターネー市（Thane）においても食料品の高騰は確認できた。ターネー市を調査対象とした理由の一つは、近年急激な発展を示し、かつインドの主要な商業・貿易と金融都市として知られているムンバイ市に隣接することで、急速な経済発展の影響を受けやすいことである。例えば、**表1**で示したように、特に2000年代半ば以降のマハシュトラ州の輸出割合が急増している。この動向は工業生産で知られるGujarat州の減少率とは対照的である。マハラシュトラ州からの大部分の出荷がインド有数の港湾都市であるムンバイ市からの出荷によるものと推測できるが、

表1　上位5州の輸出港としての位置づけ（財貨輸出実績額の対全国比、％）

州	2001-02	2003-04	2005-06	2007-08
Maharashtra	12.3	31.0	25.6	41.9
Kerala	5.8	5.4	10.7	21.3
West Bengal	6.4	4.4	6.0	9.7
Gujarat	48.1	28.2	24.4	9.6
Karnataka	17.0	5.0	4.8	8.0

出典：Ministry of Commerce and Industry.

表2　ターネー市とムンバイ市の比較

	人口	世帯数	1世帯当たり人数	識字率
ターネー市	3,787,036	899,330	4.2	74.4
ムンバイ市圏内	12,442,373	2,779,943	4.5	81.0
マハラシュトラ州	112,374,333	2,4421,519	4.6	72.6

出典：Directorate of Economics and Statistics（2011）．
注：ムンバイ市街地の人口は、3,085,411人。

　ターネー市の労働者・住民もこのような経済的ダイナミズムの変化の影響を受けていることであろう。さらに、当該市の住宅地としての歴史は長いが、ムンバイ市間を通勤する若い世代の人口が増加しつつあり、富裕層ではなく旧世代と新世代の中間層の食料消費の実態と変化を捉えるには最適であることが、第2の理由である。そこで、まずはターネー市の概況と特徴を紹介しておく。
　ターネー市の市街地は、ムンバイ市街の中心部から北北東約30km地点に位置する。同市の西側には、東京都の山手線内面積の2倍を超える広大な敷地を有するサンジェイガンディー国立公園が横たわる。ムンバイ市とターネー市間の鉄道は、インドにおける鉄道開通の第一歩を踏み出した歴史的な鉄道発祥の地でもあり、その本数も多いことで知られる。ムンバイ市街地とは南北に走る幹線道路でも結ばれている。Census Organization of India（2011）によると、人口は、378.7万人台で、308万人台のムンバイ市街地内の人口を超える人々が居住する。ただし行政的には、ムンバイはムンバイ市街地とムンバイ都市圏（郊外を含む）に分かれているが、その首都圏内の人口は、1,244万人台と巨大人口を有し（**表2**参照）、インドを代表する都市となっている。
　表2で示したように、ターネー市の識字率は74.4％であり、マハラシュトラ州内34地域のうち、10番目に高い地域となっている（Directorate of Economics and Statistics, 2011）。マハラシュトラ州でも主要な住宅地として知られるターネー市の市民の多くはムンバイ市内の職場に通勤していることから、ムンバイ市のベッドタウン的存在といえるであろう。市街地の形成は長い歴史を持つが、急激な人口増加でスラムが増えている。スラム・センサス（2008-2009年）では、その調査対象地域がターネー市内は120か所、ムンバイ市内は201か所が抽出され

第9章　腐敗撲滅運動と食料消費の実態

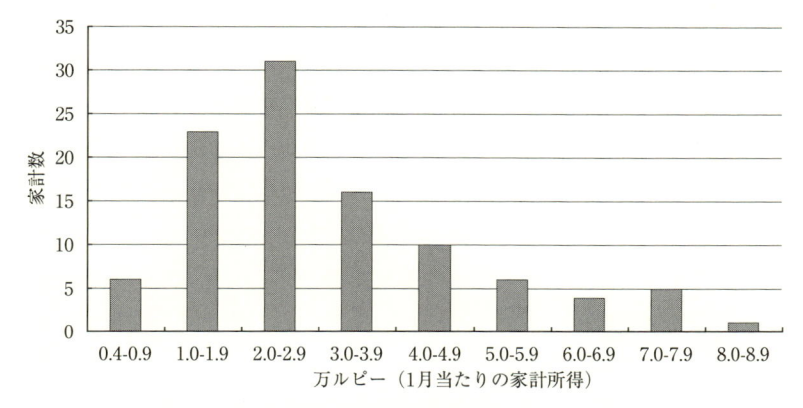

図4　サンプル数102家計の所得分布（ターネー市）
出典：2011年8月時点の現地調査による

表3　インドの所得階層別比率の推移

年間所得	2000	2005	2010	2015
富裕層（35千ドル以上）	0.4%	0.8%	1.5%	3.2%
上位中間層（15〜35千ドル未満）	0.8%	1.5%	4.4%	10.0%
下位中間層（5〜15千ドル未満）	5.1%	15.3%	40.7%	49.6%
低所得層（5千ドル未満）	93.7%	82.4%	53.4%	37.2%

出典：Euromonitor International 2011 から作成。
注：可処分所得別の家計人口。各所得階層の家計比率×人口で算出。2015年は Euromonitor による推計。

ている。スラム・センサス・データ（2008-2009年）の調査対象となったマハラシュトラ州全域内の776か所のスラムで15％台を占めていることからも推測されるように、全国的に見てもスラム人口の多さで知られており、その大多数のスラムは住宅地周辺に集中する傾向にある。

　現地における調査では、我々のランダム・インタビューに答えた104家計のうち、102家計から有効回答を得た。インタビューに対応した男女比は男性が80％、女性が20％であった。家計の平均年収は36万ルピー（およそ55万円）で中央値は30万ルピー、当該サンプルの所得分布は図4で示した。月収4千ルピー台から、8万ルピー台の人々を中心に回答を得たことになる。このサンプル家計は、インドの所得階層別比率の分布（表3）に従うと、低所得層、下位中間層、上位中間

163

層の範囲内にあり、富裕層は含まれていないことがわかる。つまり、有効回答を得た102の家計の分布は、その大部分が低所得層と下位中間層に位置する。ターネー市におけるサンプルの所得分布は、この全国の所得階層別比率の表からも看取できるように、下位中間層の家計が2005年の15％台から2010年の40％台に急増したデータと一致している。この台頭する中間層の拡大がインドの経済発展を支える消費のけん引役となっている。ちなみに、サンプルデータの月に4万ルピー以上の所得を得ている高所得者20人の構成比は、ICT技師・設計技師が30％、証券・銀行員が25％、販売マネージャークラスが20％、教師が10％、政府役人、中小企業の幹部、労働組合役員がそれぞれ5％であった。このデータからも金融・商業都市のムンバイ市の経済活動と結びつく居住者像が浮かび上がってくる。

　次に所得と収入の変化をとらえてみることにする。このサンプルデータでは、およそ75％の家計が過去1年間（2010-2011年）に所得が上昇したと回答しているが、彼らの1年間の所得の平均上昇率は実質で5.2％（名目値13.7％）であった。上昇率のメジアンは10％、標準誤差は1.15で、最大値55％、最小値は2％の統計値である。同時期のインド全国の一人当たりGDPの実質成長率をIMFデータで推計すると3.9％となり、ターネー市のサンプルデータはこれより1.3％高くなっている。ただし、サンプル有効回答者数のうち、およそ5％の家計は所得が前年比（2010年）で同じか減少したと回答した。また残りの20％が回答を控えている。以上の分析から、ムンバイのベッドタウンとしてのターネー市における中間層のマジョリティーが経済発展の恩恵を受けているが、一部の家計は取り残されていることが分かる。この結果からは、中間層の中でも所得の格差が生じていることが推測できる。次にこの所得格差のデータを分析しよう。

　図5では各家計の2010-2011年間の所得上昇率（名目値）と月間所得の相関図を示した。この図からは、月額3万ルピー以下の所得層は10％前後に固まっており、所得上昇率が20％を超えるのは3家計に過ぎない。加えて、アンケートでは所得が同じか減少したと回答した家計の多くは低所得層であったことが特徴となっている。所得上昇率が20％（実質換算で11％）以上を確保できたのは、そのほとんどが上位中間層と一部の下位中間層であったことが読み取れる。図中におけ

第9章　腐敗撲滅運動と食料消費の実態

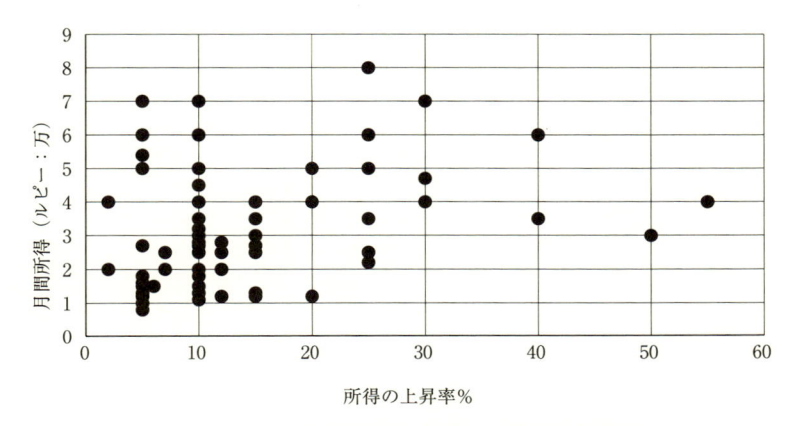

図5　一人当たり所得とその上昇率の相関図

出典:アンケート調査による

る3万ルピーを超える中間層家計の特徴は、2つのグループに分かれる。まず所得の上昇率が10%台またはそれ以下の家計が存在する一方、15%以上55%の高率で所得を伸ばしたグループが多数存在する。以上の結果からは、中間層の中でも下位中間層から上位中間層に向けての動きが激しく、低所得層に近い中間層は、概して経済発展の恩恵を享受できていないことが明らかになったといえよう。つまり、ターネー市のサンプルデータから所得格差の拡大が中間層内でも起こりつつあることが理解できる。

　以上では、台頭する中間層のベッドタウンとして位置づけたターネー市の特徴をサンプルデータを基に紹介したが、以下ではこの中間層の食料消費の変化の一面を捉えてみよう。既述したように、ターネー市のサンプル世帯の平均所得はインドでは下位中間層（中の下）に当たるが、得られたサンプルデータから所得格差を表すジニ係数を推計すると、0.314であった。農村部が含まれていないために当然ではあるが、この数値は世銀が公表している最新データ（2011年）の全国のジニ係数である0.368よりも低い値となっている。ちなみに、推計されたエンゲル係数は37.3%であり、インド全国平均（2010年）の31%よりも高くなっている。それに対し、サンプル家計の家父長の平均年齢は37歳で、1世帯当たりの平均人

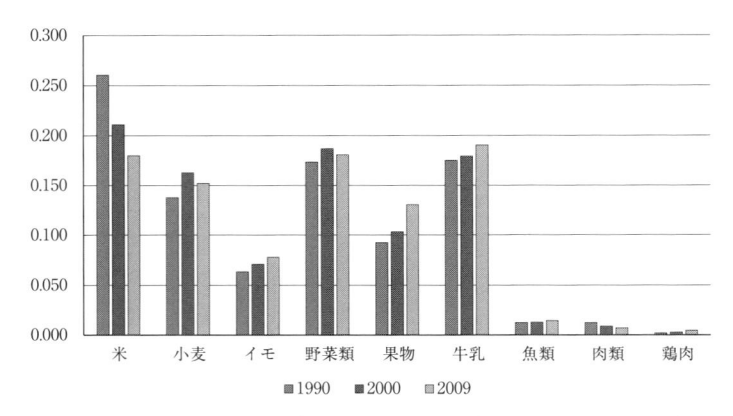

第Ⅲ部　フードシステムを取り巻く社会経済環境の変化と資源・環境問題

図6　項目別食料消費比率の推移（一人当たり年間食料消費量合計＝1とする）
出典：FAOSTAT

数は3人であった。ターネー市全体の1世帯当たり人数の4.2人（**表2**）と比較すると、サンプルデータは若い世帯が中心となっていることから、家族人数もわずかに少ない特徴を持つものとなっている。

　マハシュトラ州を含む西インド地域の人々は南インド地域と同様にベジタリアンが多いことで知られる。特にターネー市を含むムンバイ市周辺の地域にその特徴がみられるというが（JETRO, 2011）、ターネー市における調査対象のサンプルデータ中で、ベジタリアンとして回答した人の比率は30.4%であった。この数値はほぼ全国のベジタリアンの割合（31%）と同じであり、ターネー市のサンプルデータからは、特にベジタリアンが多いとは言えない結果となっている。その理由として、先に述べたように当該サンプルデータは比較的に平均年齢が低い層が中心であり、鶏肉などの肉食が増加しノンベジタリアンが増えているのが一因として考えられる。そこで、次に食事内容の変化を見てみよう。

　ノンベジタリアンの中で鶏肉、魚、ヒツジ等の肉類の消費を1年間（2010-2011年）に増やした人は71%で高い数値を示している。この肉類の消費を増やした人の中で、特に鶏肉の消費を増やした家計は48%であり最大であった。それに対し、**図6**は1990年、2000年、2009年のインド全国における一人当たり食料消費を表したものであるが、鶏肉の消費割合が極めて低く推計されている。しかし2010年か

第9章　腐敗撲滅運動と食料消費の実態

ら2011年にかけての消費の変化に関し、ターネー市から得られたサンプル家計の内、およそ50％が鶏肉を増やしており、以上の全国のデータとはかけ離れた印象を持つ。特に、2005年以降の急速な経済成長とともに都市部の整備と拡大が進み、近代的なモール街・外食店の増加が若年層を中心とした鶏肉消費の増大につながっている可能性が高い。

　一般的に、所得の上昇は外食と中食・加工食品の量的増加につながるが、それを限界的な関係でとらえると、所得の上昇率に対して「逓減する」関係にある。それに対し、都市部のインフラ整備・拡大は外食と中食・加工食品の消費量を増やすが、それは限界的な都市化率の上昇率に対して「逓増する」関係にある。伝統的な慣習・宗教上の牛肉食等に対する制約はあるが、インドにおいても台頭する中間所得層の若者を中心にファーストフード店を含む外食店の増加で、所得増と都市化の進展の両側面から、外食・中食・加工食品の消費機会が増大し、その結果、鶏肉と魚介類に加えて牛乳・チーズ等の乳製品からのタンパク質を摂取する量が増える傾向にあると思われる。この傾向は、図6でも確認できる。さらに、図中では、コメの消費割合が減少し、小麦とイモ類の消費割合が増加しているが、洋風の外食店が増えることで、都市部におけるパン食、パスタ、フライドポテト、マッシュポテトの消費が拡大しているのではないか。ただし、農村部における傾向は都市部とは異なる理由によるという（藤田2012年を参照せよ）。ちなみに、サンプルデータからは、週に一度は夕食時に外食するかとの問いに対し、101の家計の内、40の家計が「yes」と回答し、そのうちの半数（20）の家計が週に2度以上は外食（夕食）すると回答した。

　ムンバイ市とターネー市は漁港を有し魚の消費地としても知られるが、魚の消費を増やした人の割合は19％で、羊肉の消費を増やした人の16％台と比較しても大差はないものとなっている。またヤギと牛肉の消費を増やした人の割合はそれぞれ8％台であった。アンケート調査では「牛肉食を減らした」項目は設けていないために、明らかにできないが、全国の傾向としては、牛肉の消費は年々減少する傾向にある（図6の「肉類」）。この減少傾向を上位カーストを目指す人々の意識との関係で説明した研究としては藤田（2012年）を挙げることができる。

167

第Ⅲ部　フードシステムを取り巻く社会経済環境の変化と資源・環境問題

5．おわりに

　高度成長を続けるインドではあるが、冒頭で述べたように、表面化した社会不正問題が後を絶たない。既述のようなインドにおける汚職・格差問題は、食料消費の格差問題にも少なからず影響を及ぼしている。しかし他方では、ターネー市の事例を通して明らかにしたように食料消費パターンは、都市化の進展と経済発展に伴って変化の兆しを示し始めている。近代的商業施設の誕生と中間所得層の厚みを増す拡大とともに、伝統的な菜食中心の消費パターンを示すといわれるインド人の食料消費にも変化をもたらすグローバル化の波が押し寄せてくるであろう。

　60年代半ばから90年代にかけては「緑の革命」と米・小麦の高生産性二毛作体系（藤田、2005年）で食料増産は成功を収めたものの、ここにきて、経済発展と所得増に伴う需要の急激な拡大に対し、適切な食料・食品の生産刺激策と供給体制が打ち出されていないのが現状といえる。加えて、2008年時における食料価格の高騰では政府は最低支持価格政策で難を乗り越えたように見えるが、膨大な財政負担を強いられるこのような政策が半永久的に継続できる保証はない。

参考文献
藤田幸一（2005）「インドの農業・貿易政策の概要」、国際農林業協力・交流協会『「アジア大洋州地域食料農業情報調査分析検討」に基づく事業実施報告書』pp.89-109。
藤田幸一（2012）「第1章　インドの食糧需給―その構造と現状、および将来展望―」『平成22年度世界の食料需給の中長期的な見通しに関する研究報告書』第2部主要国における食料需給の状況、農林水産政策研究所、2012年3月。
Directorate of Economics and Statistics（2011）Government of Maharashtra. http://mahades.maharashtra.gov.in/
JETRO（2011）「データでみるインド」『デリー・ムンバイスタイル』2011年3月。http://www.jetro.go.jp/world/asia/reports/07000571
Transparency International: http://www.transparency.org/news_room/in_focus/2011/india_speaking_up_for_integrity
VOA（2007）"Hunger: New Causes for Same Old Problem," VOA Special English Development Report, October 21.

第10章

インドにおける環境問題の深化とフードシステム

ロイ　キンシュック

1．インドにおける食・農・環境の位置付け

　インドは南アジア最大の国土面積と中国に次ぐ世界第2位の人口（約12.4億人）を有する人口大国である。情報技術（IT）分野での知的財産を活用して高い経済成長を実現しているインドは、同じBRICS（ブラジル、ロシア、インド、中国、南アフリカ）の中でも特異な存在であるといえよう。一方、他のBRICS諸国に比べて貧困層の割合が高く、未だに総人口のおよそ3分の1の国民が貧困ライン以下で生活しており、自然資源や環境保全の面で多くの課題を抱えている。貧困層の大部分は農村地域に居住しており、農業が彼らの拠り所になっている。食糧生産の面では緑の革命や白の革命、黄色の革命によって飛躍的な成長を成し遂げている一面が見られる一方、生産・加工・流通などの食料供給の一連の流れ（フードシステム）に関しては、国民の総意と国家政策を含む多くの問題点や改善点が課題として残っている。

　インドに限らず、アジアの多くの国々において、古くから食料・農業部門は国の経済の根幹として経済の発展と深い関わりを持ってきた。多くの国々では、多かれ少なかれ社会経済の近代化やグローバール化の影響によって国民の生活様式が大きく変わりつつあり、人口増加や人為的な経済活動、都市化の進展に伴う食料の増産圧力が環境に対する大きな負荷となっている。とりわけアジアの中でも、中国とインドは近年の経済発展によって国民の食生活が著しく変化しており、日本の場合と同じように畜産物や油脂類の消費が増え、これらの生産に必要な穀類

の輸入が増大するなど、環境の面でも多くの問題が発生している（JBIC, 2005）。

　日本においても第二次世界大戦後、高度経済成長によって国民の食生活が質量ともに著しく向上し、食料の消費形態も大きく変化した。こうした過程において、化学肥料や農薬への依存度が高まり、動物性食料の消費拡大によって畜産部門が急速に発展した結果、環境汚染や環境破壊などの環境負荷が大きな社会問題になった。その一方で、「農業・農村に存在する豊かな自然資源」の維持・保全を求める人々も多く、農業活動によって環境を守るという取り組みも続いている（小林、2002）。また、日本のフードシステムと農業生産に関しては、その人口規模に比べて、農業に適した自然資源や耕作可能地の面積に制約があり、農産物の大半を海外からの輸入に依存せざるを得ない状況にあるが、食品加工や流通の面においては世界の中でも先導的な役割を果たしている。現在の日本は農業国ではないものの、最近のTPP（環太平洋パートナーシップ協定）への参加の是非や農産物の貿易自由化に関する議論には日本の農民の意思が強く反映されていると言える。

　本章は、日本と同じアジアに位置するインドの環境問題とフードシステムの川上に位置する農業との関わりについてその現状及び展望について関連報告書を用いて検討し、フードシステム的な視点からインド農業の「持続可能な発展」について整理することを主たる目的にしている。

2．インドにおける農業生産の現状

(1) インドの気候条件と農業生産の地域性

　農業はインドの経済を支える重要な産業部門である。しかしながら、インドでは地域毎に気候条件や伝統、食文化などに大きな違いがあり、農産物や食糧の生産においても地域的な影響が大きいのが実態である。図1、図2はインドにおける地域別の気候分布を示したものである。インド亜大陸の大半を占めるインドの気候を大別すると、冬季（1～2月）、夏季（3～5月）、雨季（またはモンスーン6～9月）、モンスーン明け（10～12月）の4つの時期に分けることができる。

第10章 インドにおける環境問題の深化とフードシステム

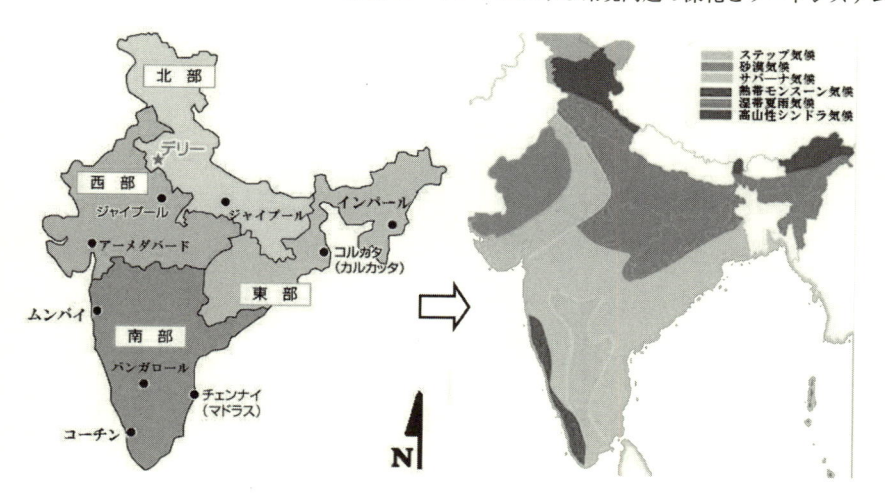

図1 インドにおける地域別気候分布
出所：インドひとり旅ガイド[※1]より改変

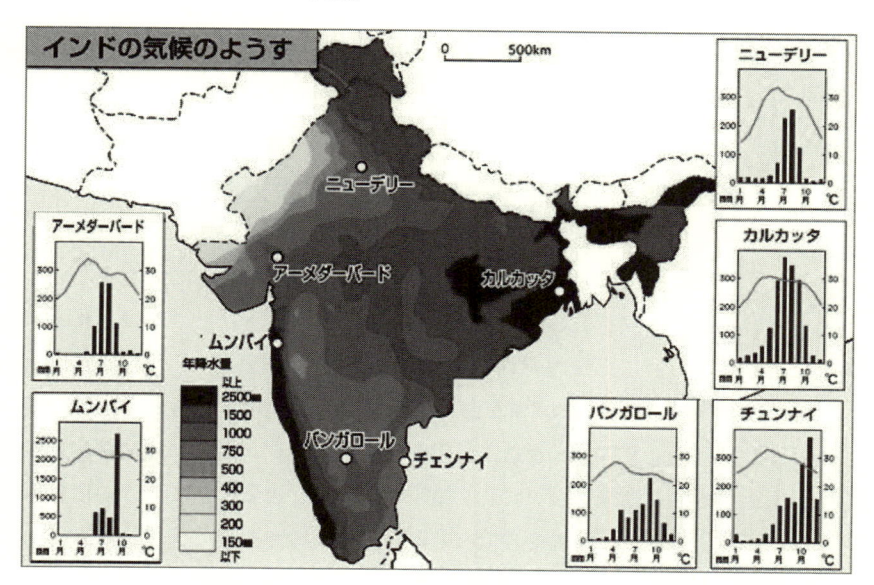

図2 気候分布：インドの主要都市における降雨量と気温
出所：IPA情報処理推進機構[※2]

第Ⅲ部　フードシステムを取り巻く社会経済環境の変化と資源・環境問題

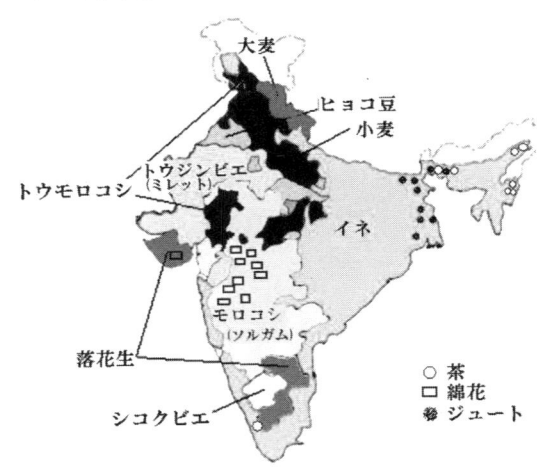

図3　インドにおける地域別の主要農産物

出所：本川社会実績データ図録[※3]

　夏季には、内陸部で40℃・海岸部で30℃・タール砂漠で45℃を超える猛暑となる。雨季は6月以降から始まりインド全土に及ぶ。また、地域によっては、年間を通して降雨量の多いステップ型気候、気温差が激しい砂漠型気候、雨季と乾季が明確なサバンナ型気候、乾季・暑季・雨季に分かれた熱帯モンスーン性気候、雨季と乾季が段階的に移っていく温帯夏雨気候の他に一年の半分が氷雪に覆われ降雨量が少ない高山性ツンドラ気候などの気候分布がみられる。

　このような気候の影響を受けて、主要な農産物も地域によって異なっている。インドの重要な農産物としてコメ、小麦、豆類、ジュートなどがあげられる。インドは平地が多く、広大な耕地面積（およそ1億5,900万ha）を有しており、その面積は世界の耕地面積の11.3％を占め、米国に次ぐ規模であるが、灌漑農業の面積では世界第1位である。また、農作物の中では、ジュートの生産量が世界の60％以上を占め第1位、豆類が同じく第1位、コメ、小麦、落花生がいずれも中国に次いで第2位、ナタネが第3位などとなっている。しかし、前述のように、広大な面積を擁するインドでは、地域毎に気候が多様性に富んでいるため、それぞれの地域の気候に適した作物が栽培されている。図3はインドの主要農産物の

第10章　インドにおける環境問題の深化とフードシステム

分布を示したものであるが、まずコメは、年間降水量の多いもしくは灌漑が普及した地域（西ベンガル州、タミールナドゥ州など東部や南部、パンジャブ州など北西部など）で多く栽培されている。次に、小麦はある程度冷涼な気候に適した作物であるため、北西部での栽培が多くなっている。このため、小麦の場合には、コメに比べて栽培地域が特定の州に集中している。また、雑穀、綿花、豆類、油糧種子は、比較的乾燥に強く、年間降水量の少ない条件下でも栽培が可能であるため、乾燥地帯の西部地域での栽培が多くなっている（農林水産省、2011）。

（2）農業生産の構成要素の現状

インドは、国内経済に占める農業の割合は高いが、農業生産性は他の先進国と比較して高いとは言えない。例えば、耕地面積や灌漑面積、農地の整備や機械化、インフラ整備などにおける進展度合いが農家の収入の伸び率に比例していないのが現状である。

図4はインドにおける総人口に占める農業就業人口の推移を示しているが、2011年度に実施されたインドの国勢調査結果によると、農村部の人口は依然として全人口の68.8％を占めている。農村部での労働者の割合は41.7％と低く、非労働者が58.3％を占めている。また、農業センサスによれば、2005-06年度の農家世帯数は1億2,922万世帯、世帯当たりの平均保有農地は1.23haである。国連統計によると、2011年のインドのGDPは1兆9,761億米ドルであり、世界第11位にランクされているが、1人当たりのGDPは1,528ドルであり、最貧国ではないものの世界平均の15％に満たない水準にある（農林水産省、2011）。前述したように、巨大な農産物の生産量や生産の伸び率（**図5**）を達成しながら、農産物の輸出は年間90億ドルと世界の農産物貿易の1％に過ぎない。インドの平均農地所有面積も減少してきている。農地分配法（land ceiling acts）の施行や家族間の争いなどによる土地の分割により、平均土地所有面積は極めて小さい（2ha以下）。その他の所有地の19％は「小規模農地」に分類され、その面積は1～2haである。小規模または最低規模を合わせると全体の81.3％を占めている（JETRO、2012c）。こうした小規模所有の状況下においては労働力が過剰である場合が多く、失業や

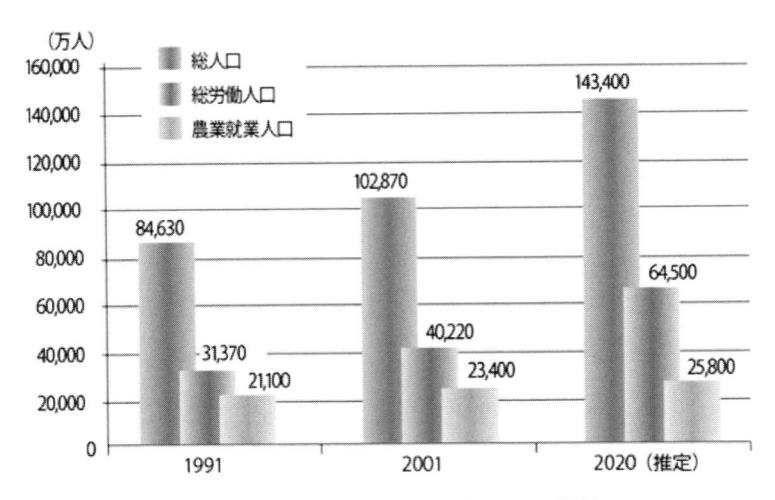

第Ⅲ部　フードシステムを取り巻く社会経済環境の変化と資源・環境問題

図4　インドの農業就業人口の推移

(万人)
- 1991: 総人口 84,630／総労働人口 31,370／農業就業人口 21,100
- 2001: 総人口 102,870／総労働人口 40,220／農業就業人口 23,400
- 2020(推定): 総人口 143,400／総労働人口 64,500／農業就業人口 25,800

出所：Sheetmetal World & JETRO「インドの農業機械業界 市場調査報告書」[※4]

■ インドの農業生産の伸び（年率）

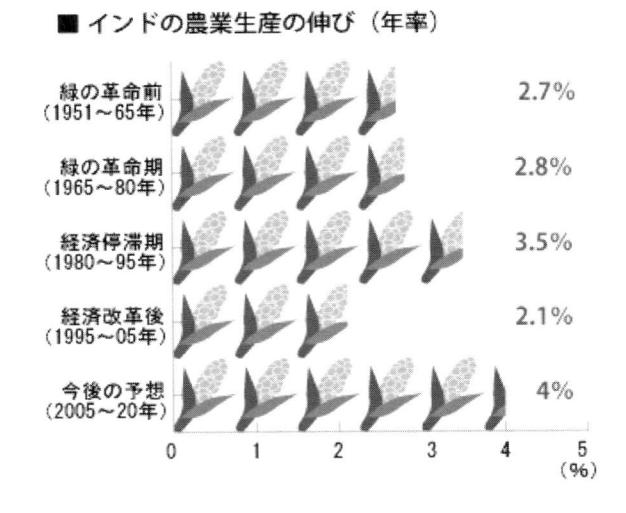

期間	年率
緑の革命前（1951〜65年）	2.7%
緑の革命期（1965〜80年）	2.8%
経済停滞期（1980〜95年）	3.5%
経済改革後（1995〜05年）	2.1%
今後の予想（2005〜20年）	4%

図5　インドにおける農業生産の年間成長率（推定）

出所：日経ビジネス[※5]

低い労働生産性の原因になっている。小規模または最低規模の農地所有者は、灌漑設備や整地、土壌改善などへのインセンティブが低く、耕作農地のうち、43％が灌漑され、残りの57％は天水農業に依存している。計画されている灌漑事業が完了しても、耕地の約70％までしか灌漑ができない現状がある（北田、2008）。また、農業への技術導入は、インフラやコストなどの面から、その導入のスピードが極めて遅い。農業機械は増加傾向にあるものの、州によってそのレベルに大きな格差がある。世界の平均的なトラクター普及率は1,000ha当たり19台で、米国は25台であるが、インドは16.7台という普及率である（JETRO, 2012c）。また、農道を含む道路整備の遅れがたびたび指摘されている。インド国内の物資の輸送はその70％を道路輸送に頼っているが、幹線道路の多くが未整備なため、主要国道の平均速度は時速40km前後にとどまっている。このため、食料自給率が107％もあると言われながら、その多くが輸送中に腐敗し、地域によっては食糧不足に陥るといった問題が起きている。驚くべきことに、生産量の30％程度が収穫後に様々な理由によって失われているのが実態である。

同じアジアの新興国である中国と比較すると農業生産性の違いは明らかである。中国はインドよりも耕地面積が40％も少ないのに、農業生産額は40％も多いのである。もっと極端な例では、米国では人口の3％に過ぎない農家が農産物を輸出できるほどの生産性を誇っているのに対して、インドでは60％以上の人口が輸出競争力のない農業にしがみついている。こうした状況を生み出した最大の原因は長年続いてきた貧弱な農業政策にあるとの指摘もある。

3．インドの環境問題と農業との関わり

インドが直面する主な環境問題としては、一般的には大気汚染や水質、水不足、水利用に関する問題などが挙げられる。世界的な環境問題との関連でいえば、途上国で実施された温室効果ガス削減事業で削減した分だけ自国の削減目標に利用できるクリーン開発メカニズム（CDM）という制度が京都議定書に規定されて以降、注目されているが、インドもその例外ではない。インドでは農業や重工業

などの基幹産業における温暖効果ガス削減の余地が大きく、国連のCDM理事会に登録されたCDMプロジェクトの数は中国に次いで世界第2位となっている。しかもその多くが先進国からの関与がなく、インド独自の事業である点が大きな特徴であり、それらの分野も、バイオマス燃料、風力発電、エネルギー集約型産業の省エネなどと多岐にわたっている。その一方で、インドは、1970年代にはチプコ運動と呼ばれる森林伐採に対する反対運動が発生するなど、環境問題に対する意識が比較的高い国でもある。とくに近年は、世界的なエコロジー意識の高まりがインドにも波及し、2001年にはすべての商用車に圧縮天然ガス燃料を使用することが最高裁より命じられ、2009年2月にはデリーでレジ袋が使用禁止になるなど、国や州単位での取組も盛んである（久野、2013）。

また、農業に直接結びつく環境問題として侵食や塩類化による農地土壌の劣化、加湿（湛水）化、地下水位の低下、表流水灌漑の減退、気候変動の影響などがしばしば指摘されている。

以下、インド農業・農村に関わりの深い重要な環境問題である水と土関連の問題に焦点を当てて、その現状について説明する。

（1）インドの農業・農村における水問題

インドでは家庭用水（飲料用水を含む）の8割を地下水に依存している。しかし、多くの地域において地下水の汚染が報告されており、住民の健康に悪影響を与えている。インドでは毎年約3,800万人が飲料水を媒介とした病気にかかっていると報告されており、また、多くの地域において地下水のフッ素（fluoride）の濃度が高く、ハリヤナ等の州においては基準の40倍以上の値が検出されている。隣国のバングラデッシュと同様に、地下水のヒ素濃度が高い地域（ベンガル州等）も存在している。

インドは世界の水資源の約4％を占めており、北はヒマラヤ山脈、西はタール砂漠とその自然条件も地域性に富んでいる。インド政府の評価（1993年）によると、年間平均降水量は約4兆㎥とされており、そのうち利用可能な水量は地表水と地下水などを合わせて1兆8,690億㎥と見積られている。しかし、実際には地

形やその他の制約条件等により、利用可能な水量の約60％しか利用されていないのが実態である。1人当たりの年間総利用可能水量は1950年代には5,000㎥を超えていたものが、現在では2,000㎥まで低下しており、2025年には1,500㎥にまで低下すると予測されている。一方、1人当たりの貯水量を見ると、インドは約200㎥とロシア（6,103㎥）、ブラジル（3,145㎥）、アメリカ（1,964㎥）、中国（1,111㎥）と比較しても格段に少ない状況にある。国際基準では1人当たりの年間総利用可能水量が1,000㎥以下で水不足が生じるといわれているが、インドの場合には、たとえ現在稼動およびポテンシャルを有する貯水施設のすべてが機能したとしても、1人当たりの貯水量はわずかに400㎥しか増加できないといわれており、人口の増加は水の需給バランスを損なう大きな要因となっている（北田、2008）。

　インド農業にとって灌漑は大きな役割を果たしているが、実はその主流になっているのが井戸を利用した地下水灌漑である。緑の革命が始まった当初は、地表水を使った灌漑が農業生産増大の中心的な役割を果たしてきたが、現在、地下水灌漑が全灌漑面積の半分以上を占める状況になっている。地下水灌漑が急速に普及したのは、政府による大規模灌漑事業がなかなか進展せず、その上に灌漑事業への投資額が少なかったために、個々の農民が自己資金や銀行融資などを活用して、地下水の積極的な活用を図ってきたためである。また、地下水資源の所有権が曖昧で、土地を保有している農民は誰もがポンプを設置することが可能であったこと、農業・灌漑用の電力料金体系が非常に安価に設定されていたこと、電力料金が揚水量ではなく、ポンプ能力に応じて徴収されていることなどがその要因に挙げられる。結果的に、水資源に乏しい半乾燥地域での過剰揚水・地下水枯渇という事態が発生し、農業生産に深刻な影響を与えつつある。

　インド農業・農村における水問題は地域によって様々な形をとって現れ始めており、とりわけ、①水の供給不足、②水供給インフラの劣化、③インフラの不十分、④地下水への依存度の高さ及び地下水の汚染、⑤健康への被害、⑥地下水の過剰採取、⑦水の権利に関する法律や規則の欠乏、⑧工場等の排水の違法放流による河川の汚染問題、⑨水インフラへの投資不足などが指摘（エックス都市研究所、2013）されている。

第Ⅲ部　フードシステムを取り巻く社会経済環境の変化と資源・環境問題

（2）インド農業における土壌に関する問題

　土壌は食料生産を始めとして、人間や動物の生存に必要な物資を提供する重要な天然資源である。土壌は再生能力を持つとはいえ、その再生には極めて長い時間を必要とする。そのためそれが適切に利用されていれば持続的にその恩恵を享受できるが、現状は人間活動の影響や環境負荷が土壌の再生能力を超えて進行しており土壌の劣化が進行している。インドでは、化学肥料や殺虫剤の使用による農地の土壌劣化が大きな問題となっている。また、集約的な灌漑水の利用を必要とすることから、地下水の汲み上げによる地表面の塩化も大きな問題になっている。インド科学研究センター（Centre for Science and Environment）の報告によると、過度の地下水の汲み上げによって約40％の農地が土壌の塩化の影響を受けていることが明らかとなっている。学識者からのヒアリングによると、河川が国や州の所有であるのに対して、井戸は個人の所有物であり、井戸の掘削に対す

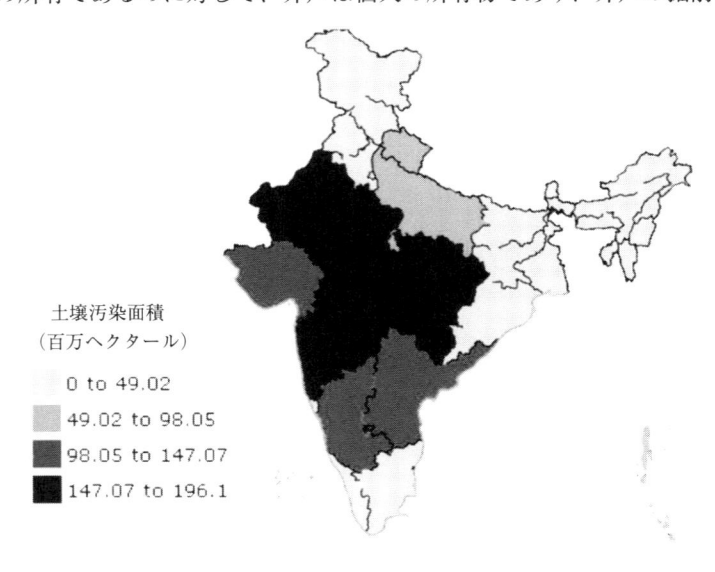

土壌汚染面積
（百万ヘクタール）
- 0 to 49.02
- 49.02 to 98.05
- 98.05 to 147.07
- 147.07 to 196.1

図6　インドにおける州別の土壌汚染面積

出所：三菱総合研究所[※6]

第10章　インドにおける環境問題の深化とフードシステム

る規制が存在しないこともこれらの要因の一つとされている。またゴア州の鉱山地帯では、鉄鉱により地下水が汚染され、それを灌漑水として使用している周辺の農村部の土壌が汚染されている。ヒアリング調査によると、現在、インド全土で80箇所が土壌汚染サイトに特定されており、浄化プロジェクトが計画されている。土壌汚染に特化した法律の規制がないため、環境基準値を遵守する、といった管理ができていない。しかし近年、住民によって土壌・地下水汚染が原因で工場等の事業者が訴えられる事例が増加する傾向にある。裁判では、環境保護法や水質汚染防止及び管理法などの包括的な環境法が適用され、汚染原因事業の操業廃止や浄化を含めた改修工事費の負担などの罰則が課せられるケースも出始めている（三菱総合研究所、2012）。

4．インドの農業環境とフードシステムとの関わり

　農業環境は農地の生産環境のみならず、農民（地域住民）の生活や自然環境を含めた総体を表すものであるが、一方、フードシステムは生産から消費までのサプライチェーン全体を含むものである。インドにおける食料のサプライチェーンの大枠は、特に加工食品が最終消費者に届くまでに、大きく3つの経路に分けられている（JETRO, 2012b）。
　①　農村または漁村→消費者に直送されるパターン
　②　農村または漁村→加工食品メーカー→卸売業者→レストラン等への業者向けに販売するパターン
　③　農村または漁村→加工食品メーカー→卸売業者→小売業者から一般消費者向けに販売されるパターン
　以上の構造自体は複雑ではないものの、食品分野ごとにフード・サプライチェーンが細分化され、組織化されてないために多様で複雑な流通経路があるのがインドにおける食品流通過程の特徴である。現状でのインドのフード・サプライチェーンは技術導入やインフラ整備が遅れているため、商品流通の管理や取引情報を効率よく関係者の間で共有することや情報交換ができていない。これらの結果、

需要予測は事実上存在せず、農家は否応なしに「マンディ」という現地市場に出荷することを余儀なくされている。小売体制の組織化が進んでいないため、需給状況を把握し、サプライチェーンと流通活動を調整可能な流通企業も存在しない状況にある。

　膨大な耕作可能面積をもつインドでは、気象面で農産物の生産性に若干の制約があるものの、全体的に見れば、自然資源の賦存状況はアジアの他の国々に比べて恵まれていると言える。農業生産活動そのものは長年国内市場をターゲットに機能してきたが、近年の経済成長および国家政策によって、その姿が少しずつ変化しつつある。穀物に関しての「緑の革命」や酪農品に関しての「白の革命」はその表れである。一国の発展にはひとつの産業の部分的な発展を産業内の他の構成要素や他産業に繋げるネットワーク、すなわち統合化されたシステムの構築がより重要である。同じアジアの中では、日本も第二次世界大戦後、国を挙げてこのような組織的運営を実施してきた。確かに、日本の場合には国土面積や人口規模がインドよりもはるかに小さいのは事実であるが、同じBRICSの一員でインドよりも大国である中国は、それぞれの産業が目覚ましい発展を遂げているのは、農業を含めた他の産業内、産業間の近代化や組織化を図った結果と推測できる。総括すると、インドは日本や中国に比べて、農業部門が国家経済にはるかに大きな影響を及ぼしているにもかかわらず、農法の近代化、生産性、農民の所得、農産物貿易ではその国際的な水準は決して高くない。簡単に言えば、農業生産性というのは、高品種の農作物をより多く育てることだけはなく、より少ない労働力と費用を使って、健康的な生産方法と生活と自然環境を維持しながら生産者により多くの利益をもたらすことにある。すなわち、農産物が市場に出まわり、消費されてから、初めてその本当の価値が現れてくる。これは農業が産業として成り立つ通常の姿である。しかし、生産過程よりも流通過程がより深刻な問題を抱えているインドでは、果実や野菜類の生産の約40％は、冷温貯蔵施設の不足や脆弱な流通機構、大部分の製造業者と小売業者が組織化されていないために、基本的な保管設備すら整備されていないなどの理由から廃棄されているのが現状である（JETRO，2012b）。

第 10 章　インドにおける環境問題の深化とフードシステム

5．インドにおける食・農・環境の展望

　インドは世界有数の農業大国である。所得に占める支出割合が最も多いのは食料雑貨品であり、全体のおよそ55-60％を占めている。これらの食料雑貨品の殆どは農畜産物である。さらに近年の経済発展により、1人当たりの可処分所得に占める食料雑貨品の割合は8％、1人当たりの食品支出は約20％増加した。また、都市部の生活様式の変化や快適な生活空間に対する需要が拡大し、より付加価値の高い加工食品の需要も伸びている。こうした近年の傾向と過去10年間の食品産業の成長を考慮すると、インドの食品加工産業には大きなビジネスチャンスがある。その可能性をより確実なものにすべく、インド政府は「ビジョン2015」の策定や調達、加工、貯蔵、流通に関する総合的な設備・サービス部門から成るメガフードパーク建設プランの策定、さらには外国資本や民間企業を活用した食品加工産業とコールドチェーン・インフラの整備等を目的とした外資規制緩和を打ち出している。ただし、こうした規制緩和や産業の高度化を促す諸政策が積極的に検討される一方で、現時点でのインドの食品加工産業は国際的にもかなり低い水準にあることも事実である。その主な理由として、インフラ整備の遅れ、小売業の組織化の遅れ等があり、これらの問題が業界の高コスト体質、投資回収期間の長さ、非効率性等といったビジネス環境につながっている。サプライチェーンに強く望まれているのは、販売データの統合、需要・供給予測、情報共有、製品輸送の同期化、適温を管理する貯蔵設備である。こうしたニーズは食品企業にとって大きなビジネスチャンスをもたらすが、投資の回収には長い時間を要する。欧米系のリテールチェーンの大手企業は、小売部門での外資規制緩和を待ちながら、その周辺分野であるサプライチェーンへの先行投資を続けてきた。つまり、市場参入のチャンスを生かすには、長期的なプラン策定が不可欠であると言える（JETRO，2012b）。

　現在、インド政府が積極的な農業政策を打ち出し、インド農業の構造改革に取り組んでおり、農業インフラの整備計画も提案され、インド発のIT産業、自動

車産業と並んで大きく成長することが期待されている。

注:本稿に使用した図は、下記の補注リスト内のものを一部改変した上で使用している。

〈補注〉
※1　インドひとり旅ガイドより修正（URL: http://india.yan-tian.net/i020.html）
※2　IPA情報処理推進機構（URL: http://www2.edu.ipa.go.jp/gz2/n-kok1/n-czz/n-cdz/IPA-kok230.htm）
※3　本川社会実績データ図録データ（URL: http://www2.ttcn.ne.jp/honkawa/0431.html）
※4　Sheetmetal World（URL:http://www.machinist.co.jp/2012_7-12/2012_12/worl01_dec2012.htm）
※5　日経ビジネス（URL: http://business.nikkeibp.co.jp/article/money/20070405/122259/）
※6　三菱総合研究所（URL: http://www.meti.go.jp/meti_lib/report/2012fy/E002175.pdf）

参考・引用文献

Gahukar, R. T.（2011），Food Security in India: The Challenge of Food Production and Distribution, *Journal of Agricultural & Food Information*, Vol 12, pp.270-86.

Godfray, H. C. J., Beddington, J.R., Crute, I.R., Haddad, L., Lawrence, D., Muir, J.F., Prett,J.（2010），Food security: The Challenge of Feeding 9 Billion People, *Science*, Vol. 327, pp.812-818.

Fan, S. and Thorat, S. K.（2007），Public Investment, Growth, and Poverty Reduction: A Comparative Analysis of India and China, Chap. 6 In *The Dragon and the Elephant: Agricultural and Rural Reforms in China and India*, Gulati, A. and Fan, S.（Eds.），MD: The Johns Hopkins University Press, pp.125-40.

India Development Report（2011），Nachane, D. M.（Ed.），Oxford University Press India, ISBN, 9780198071532, p.294.

Rao, C.H.H.（2006），*Agriculture, Food Security, Poverty, and Environment: Essays on Post-reform India*, Oxford University Press India, ISBN: 0195671953, p.334.

JBIC（国際協力銀行）（2005年）「海外経済協力業務実施方針（平成17年4月1日〜平成20年9月30日）重点地域及び地域・国別方針」JICA、pp.1-25。

JILAF（国際労働財団）（2013年）「2013年　インドの労働事情」URL: http://www.jilaf.or.jp/rodojijyo/asia/south_asia/india2013.html（2014年3月2日アクセス）。

JETRO（日本貿易振興機構）（2012a年）「インドの経済状況とビジネス環境（河野

敬発表）」URL: http://www.jetro.go.jp/world/seminar/54/material_54.pdf（2013年12月22日アクセス）。
小林弘明（2002年）「食料・農業と環境との関連に関する概観（2002年4月）」和光大学総合文化研究所、URL: http://www.wako.ac.jp/souken/touzai01/tz0110.html（2014年2月20日アクセス）。
インドひとり旅ガイド、URL: http://india.yan-tian.net/i020.html（2014年1月12日アクセス）。
農林水産省「第4章　インドの農業基本政策・制度、主要国の農業情報調査分析報告書（平成23年度）」pp.147-210、URL: http://www.maff.go.jp/j/kokusai/kokusei/kaigai_nogyo/k_syokuryo/h23/pdf/asia04.pdf（2014年1月15日アクセス）。
マニッシュ・バンダリ（2007年）「農業再構築がインド経済の決め手に」『日経ビジネス』URL: http://business.nikkeibp.co.jp/article/money/20070405/122259/（2014年1月20日アクセス）。
久野康成（2013年）「インドの環境問題」『インド新聞』URL: http://indonews.jp/column/column_kuno_01_23.html（2014年1月24日アクセス）。
エックス都市研究所（2013年）「インドにおける企業の環境社会的責任（CSR）の現状、平成22年度　インドにおける環境社会配慮に係る調査業務」URL: http://www.env.go.jp/earth/coop/coop/document/oemjc/H22/india_csr.pdf（2013年12月8日アクセス）。
北田裕道（2008年）「インド農業における水事情と課題について」国際協力銀行（JBIC）、URL: http://www.jiid.or.jp/files/04public/02ardec/ardec38/key_note5.htm（2014年2月23日アクセス）。
三菱総合研究所（2012年）「平成23年度　海外の環境汚染・環境規制・環境産業の動向に関する調査報告書」p.354、URL: http://www.meti.go.jp/meti_lib/report/2012fy/E002175.pdf（2014年2月27日アクセス）。
JETRO（日本貿易振興機構）（2012b年）「インドにおける加工食品流通構造調査」ムンバイ事務所出版、pp.1-102、URL: http://www.jetro.go.jp/jfile/report/07000963/india_foodindustry.pdf（2014年3月2日アクセス）。
JETRO（日本貿易振興機構）（2012b年）「インドの農業機械業界市場調査報告書（ニューデリー発）」pp.1-90、URL: https://www.jetro.go.jp/jfile/report/07001055/report_IND_1203_1.pdf（2014年3月5日アクセス）。

第11章

食料安全保障と配給制度の課題

上原　秀樹

1．はじめに

　インドにおいては、実質的に行政権を握るシン前首相のもとで2011年に新たな枠組みでの「食料安全保障法」が策定された。シン政権は、この法案のもとで包括的な食料安全保障の制度的改革を行い、食料を受給する貧困対象者を広げ、腐敗をなくし効率的な体制を構築する計画を進めてきた。本稿では、インド政府の新たなパラダイムシフトで臨む食料安全保障法の特徴を示しながらその課題を論じることにする。そのうえで、経済発展とグローバル化に伴う食料消費パターンの変化の視点から、インド人の肉食（特に牛肉と豚肉）を嫌うがゆえの特異な食料消費パターンの変化の可能性についても議論する。以上の食料安全保障と消費パターンの変化の結果として、中国とは異なるグローバル的な食料資源の争奪戦がインドを主役として新たに始まる可能性があることを指摘する。

2．伝統的な食料消費の特徴と変化の可能性

　第9章でも示したように、インド人は菜食中心の食事パターンを持つといわれる。ただし、ヒンドゥー教徒・仏教徒の多くは、肉食は避けても乳製品は食する。それを代表する食文化が牛乳をたっぷりと使用するマサラティーの飲み方に表れている。お茶の一人当たり一日の消費量は過去10年間におよそ2倍に増え、かつ牛乳等のミルク消費は過去15年間において年5％以上の成長率で増大しており、

第Ⅲ部　フードシステムを取り巻く社会経済環境の変化と資源・環境問題

2011年時点で年間一人当たり消費量が150kgを超えている。このことからも理解できるように、インドは世界でも有数の牛乳生産大国となっている。菜食主義者は特にインド南部に多いといわれるが、動物だけでなく植物の殺生もなるべく避けて食生活を営むジャイナ教の人たちと、鶏卵食とミルクまでは認めるオヴォラクトベジタリアン（Ovo-lacto vegetarian）もインドには存在する（Davis, 2012）。それゆえにたんぱく源としてのミルクの消費が所得増とともに急増する傾向にある。

　殺生とは無縁の商業分野に進出し、その才能を最大限に発揮して富をなしているといわれるジャイナ教にヒンドゥー教徒と仏教徒の菜食主義者を合計した人口は、全国民の31％程度を占めるといわれる。それにオヴォベジタリアンの国民を加えると、菜食主義者は、インド国民全体の40％程度を占めることになる。残り60％の人口に関しても、菜食が中心で、肉の消費は最小限にとどまっている、というのがインド人に関する一般的な見方であろう。

　しかし、経済発展に伴う所得増と都市化の進展を背景に食料消費パターンが変化する一方で、近代的発展の初期的諸相を顕示するインドにおいては、貧困と所得格差に起因する栄養不良の人々が多数存在するのも否定できない事実である。インドはBRICsの中で最大の栄養不足人口を抱えている。このような背景と政治的思惑から、シン前首相率いるインド政府は、特に貧困層、女性、児童を対象とした包括的なNational Food Security Bill（国家食料安全保障法）を立ち上げることとなった。2014年度から実施する予定で、2012年から審議を開始している。この法案が議会で承認され実行に移されると、国内の穀類生産と在庫管理・備蓄・供給体制に加え、国内消費と食料の輸出入にも大きな変化をもたらす可能性がある。

　そこで以下では、インドにおける食料安全保障に関する諸条件の変化と数年前からインド議会で審議されてきた「国家食料安全保障法」の法案内容についての課題の論点を整理する。そして、以上の食料安全保障法案の導入と食料消費パターンの変化を背景として、今後は中国の食料資源の輸入パターンとは異なった側面から、インドを主役として、グローバル的な食料資源の新たな争奪戦が始まる可能性がある。

第11章　食料安全保障と配給制度の課題

3．国家食料安全保障法の特徴と課題

　インド人の食料安全保障に対する認識は、食料増産と信頼できる配給制度の構築の意味合いが強い。これには回避不可能と思われていた過去のインドで多発した飢饉と飢餓の歴史的・社会経済的背景が関係しているものと思われる。植民地であったインドでは、19世紀において頻発した国内の干ばつと宗主国イギリスの政策に起因する多くの飢饉で多数の死者が出た。20世紀においては、1943年のベンガル飢饉、1961年の東部地域の飢饉に加え1965-67年の飢饉は、干ばつがもたらした代表的なものである。飢餓を伴う20世紀の干ばつは60回も発生している（Infochange, 2004）。このように広大な国土面積で地域毎に発生する飢饉に如何に対応するかという効果的な食料供給政策の在り方がインドにおいては食料安全保障の重要な位置づけとなっているのである。

　他方、飢餓の社会経済的な背景としては、農村および都市部で増加傾向にある貧困層の存在が挙げられる。BLP（貧困線以下）の人口が、全人口に占める割合は2002年の25％から2010年の29.8％に拡大しており（Planning Commission, 2013）、2000年代の高い経済成長率にもかかわらず、所得格差は拡大し悪化していると言えよう。インドは州または地域によって所得格差が激しい。以下の図1

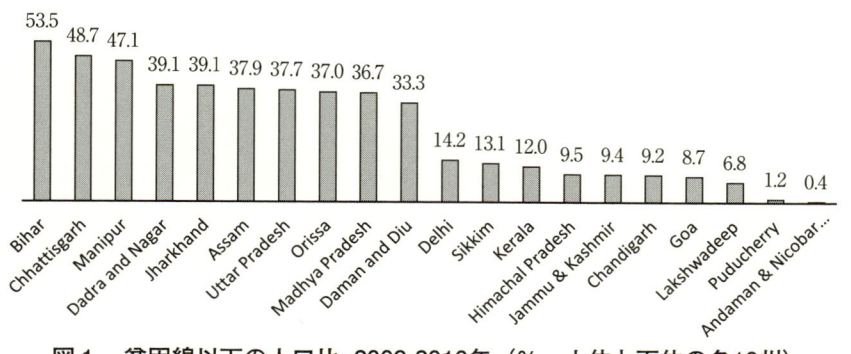

州	％
Bihar	53.5
Chhattisgarh	48.7
Manipur	47.1
Dadra and Nagar	39.1
Jharkhand	39.1
Assam	37.9
Uttar Pradesh	37.7
Orissa	37.0
Madhya Pradesh	36.7
Daman and Diu	33.3
Delhi	14.2
Sikkim	13.1
Kerala	12.0
Himachal Pradesh	9.5
Jammu & Kashmir	9.4
Chandigarh	9.2
Goa	8.7
Lakshwadeep	6.8
Puducherry	1.2
Andaman & Nicobar...	0.4

図1　貧困線以下の人口比: 2009-2010年（％、上位と下位の各10州）

出典：Planning Commision of India, 2013.

では、インドの35州（7連邦直轄地を含む）のうち平均所得別に上位10州と下位10州の計20州を選択し、各州の人口に占めるBPL（貧困線以下）の人口比率を示した。貧困線以下の人口比率が高い州の平均は州内人口の41％前後を形成しており、貧困率の低い州は8％前後であり、その差が激しいことがわかる。したがって、貧困層を対象とした食料安全保障制度の在り方も州毎に異なっていてもおかしくない。

　この**図1**が示すもう一つの特徴として、貧困線以下の人口比が高い州は、東部または北東部の地域に集中していることを挙げることができる。これらの州は、洪水とサイクロン等の自然災害の多発地域として知られる。貧困層は慢性的な栄養不足人口の大部分を形成しているが、長年にわたって飢餓と隣り合わせで生活しているのも事実である。飢饉の発生は、最初に社会的弱者である僻地および農村・都市部の貧困線以下の国民を直撃し、その後BPLを超えるAPL（貧困線以上）の貧困層に属する人々にも拡大していく。そのことが死者数を急増させる要因となっている。したがって飢饉発生時には、穀類の市場価格が上昇することから、これらの貧困線以下の国民を含む貧困層に十分な食料を緊急に供給できる生産・調達・備蓄・配給体制の構築が必要になってくる。

　FAO（2013）が提供する栄養不良または栄養失調人口のデータからは、インドの栄養不足人口（2010-2012年平均）が全人口（12.4億人）の18％（2.17億人）を占めることがわかる。この数字は、インド経済の自由化開始時の1990-1992年平均における全人口（8.9億人）の27％（2.4億人）からは改善されてはいるものの、栄養失調に悩む人口規模そのものは2億人台で大きく減少したとは言えない。同じBRICsの仲間と栄養失調人口を比較した場合、中国が12％で、ブラジルが7％であり、インドが世界一の栄養不足人口を抱えた国であることは確かである。さらにAthreya, Rukmani and Others（2010）によると、インドでは1歳児から5歳児までの児童人口（2006年）中、43.5％が低体重の児童であることが推計されている。これは1億人以上の人口を有する新興国の中では最悪の数字といえよう。

　次の**図2**は、インドにおける15州の都市部における保健と栄養摂取状態に問題がある児童と女性人口の割合を示したものである。特に幼少児童と女性の「貧血

第 11 章　食料安全保障と配給制度の課題

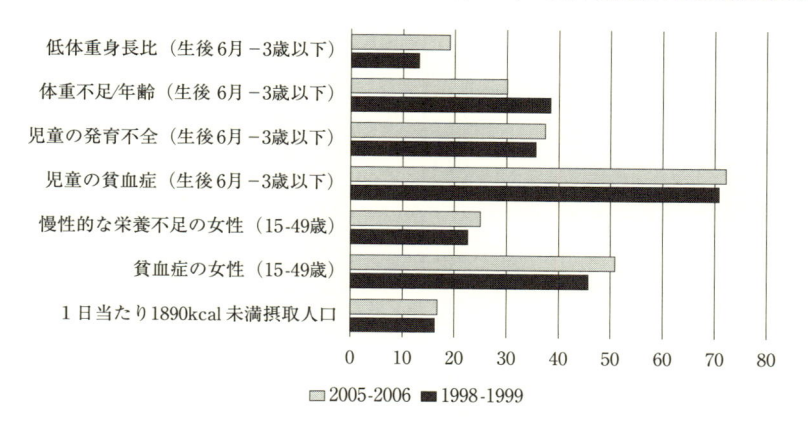

図2　都市部におけるカロリー摂取と幼少児童の栄養摂取状態に関する統計 (%)
出典: Athreya, Rukmani and Others (2010)

症」の割合が高いが、1998-99年代から2005-06年にかけていずれのデータも悪化している。さらに、年齢に見合った体重が維持できない「体重不足」人口のデータを除き、「低体重身長比」、「発育不全」等のすべての指標で悪化していることがわかる。

　以上では、BPL（貧困線以下）の人口が多く、食料・食品価格の高騰を伴う飢饉時には彼らが食料不足に陥りやすいこと、さらに、慢性的な栄養不足・栄養失調人口が農村部と都市部の貧困層に多く、特に女性と幼少児童に栄養不足がみられることから、食料の需給が逼迫するときはこれらの弱者人口が特に影響を受けやすいことを述べてきた。このように、インドにおける食料安全保障に対する認識は、国の食料自給率の向上とか、食料の緊急輸入体制の構築と輸入の多角化等の戦略というよりも、如何に国内の生産性を高めながら食料増産を図るかということである。そしてこれらの弱者人口を対象として食料を如何にかつ迅速に供給支援するかが問われてきたと言えよう。主食である穀類とタンパク質源としてのミルク、食用油脂の国内総生産量の増産を図ることについては、周知のように高収量品種米・小麦を導入した「緑の革命」に加え、牛乳生産の「白の革命」と食用油糧種子の「黄色の革命」でその目的は達成しているが、経済発展に伴う所得

第Ⅲ部　フードシステムを取り巻く社会経済環境の変化と資源・環境問題

格差の拡大に起因する新しい飢餓問題と栄養不足人口の台頭に関しては、近年極めて重要な政治・社会的な課題としてクローズアップされてきたといえよう。要するに組織力を生かすことができる大規模企業や組合が食料増産を図ることができた半面、組織力を持たない小規模農家および小作人等の労働者階級は発展から取り残され、貧困にあえいでいる。このことは、後に述べる極貧層とBLP貧困層の総人口比が増加し、政治的にも社会的にも極めて重要な比重を占めるようになったことを意味する。

そこでインド政府は、新たなNational Food Security Bill（NFSB：国家食料安全保障法）の法案を提示したが、この法案に求められる財政的規模と実現性に加えこの制度がもたらす市場へのインパクトが国民の間で大きな議論を呼んでいる。2014年度からその実施を目指すインド政府であるが、2013年8月26日にインド連邦議会の下院を通過させている（Bhama Devi Ravi, 2013）。しかし2011年に素案が提出されて以来2013年8月の時点までに多くの専門家からの批判にさらされているのである。というのもこの法案が実現すれば、穀類（米＋小麦）の国内年間生産量の30％を超える量を計画の対象とすることになり、政府は穀物の調達に年間1兆2,500億ルピーの予算を要求しなければならない。これを実施すれば世界最大の食料配給制度となるであろう。この制度の農業生産性に対する負のインパクトと財政難にあえぐインド国民の多くがその実施を不安視しているのである（The Economic Times, July 9, 2013）。

NFSBは、これまでの「社会福祉」的事業の枠組みで捉えた公的食料配給制度の在り方を転換し、最低限の食料を国民が「食する権利」の枠組みで捉える「食料安全保障」の新制度を導入する法案であり、これには大きなパラダイムシフト（思考の転換）が内在する（Gulati Ashok, Jyoti Gujral, T.Nandakumar, 2012）。NFSBの目的は、国民が十分な食料と栄養摂取を満たすことができるよう食料の安全保障を提供するものである。そのためには、受益者である貧困層が尊厳をもって生きることができるよう質が保証された「適切な量」の食料を、購買可能な価格レベルで確保できる食料の生産・保管・配給体制を構築しなければならない（The National Food Security Bill, page 1）。

第 11 章　食料安全保障と配給制度の課題

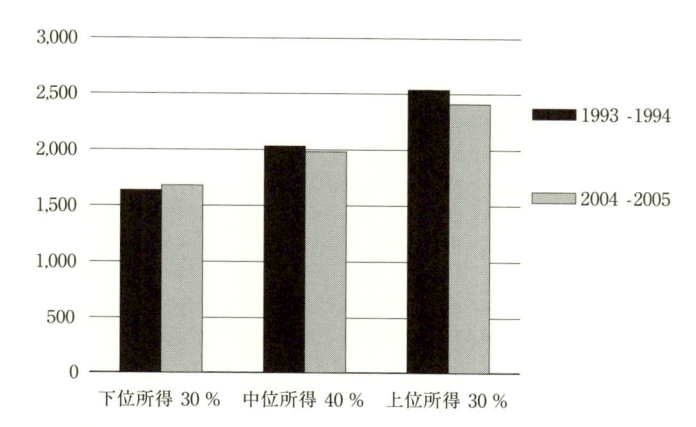

図3　都市住民の所得階層別の一人一日当たりカロリー摂取量（全国平均；kcal）

出典：Athreya, Rukmani and Others（2010）

　「適切な量」の食料の配給に関しては、諸説があり、一日の摂取カロリーの定義は十分に議論されていない。例えば、都市部のインフォーマルワーカーと農村部の農業従事者が摂取すべき最低限のカロリーも異なるであろうし、同じ農業分野でも大規模農場で設備機械類を操作する労働者と小農経営または小作人労働者が必要とするカロリー摂取量も異なるであろう。ただし、**図3**で示した都市部の1993-1994年と2004-2005年のデータを最新のデータに更新すれば、都市部の貧困層に対する食料配給量の決定に参考となるであろう。これを目安に農村部においては重労働を伴うことから、カロリー摂取量を増やすことも考えられる。**図3**から確認できることは、下位所得30％の都市住民が一日1,600kcal台を摂取し、10年間で微増している一方、中位所得層と上位所得層の都市住民の摂取量はそれぞれ2,000kcal、2,500kcal前後で、両所得層とも摂取量が時系列的に低下していることである。背景には様々な要因が考えられるが、一つには、**図4**で示したようにインド国民の食生活が高度化するにつれて穀物消費離れの傾向が存在するからであろう。**図4**では、1995年の穀物消費量が一日当たり450ｇであったのが、2005年以降は400ｇ台に落ちている。これを**図3**と照合して考察すると、下位所得層に位置する都市部の貧困層はインド経済が発展する段階において、最低限のカロリ

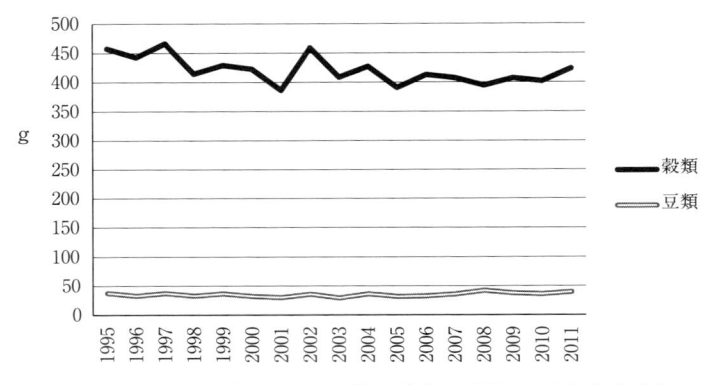

図4 一人一日当たり摂取量（政府・民間の輸入を含む）
出典：Ministry of Finance（2013）

一摂取量を満たすべく相対的に価格が安い穀類の消費を増やす傾向にあるのに対し、都市部の中所得・高所得階層の住民は高付加価値かつカロリーの低い食品を食する傾向にあるといえよう。

さて、NFSBの内容を吟味する前に、以下では若干のスペースを割いてこの法案と関連する90年代以降の食料配給制度の変化を概観してみよう。1991年にPDS（Public Distribution System＝政府による小麦、コメ、砂糖の低価格公共配給制度）と各地域で販売・供給を請け負う公平直売店（Fair Price Shops）の制度を導入し、その受給対象者をBPL（Below poverty line＝貧困線以下の人口）とAPL（Above poverty line＝貧困線以上の人口）に分け特定化した。この制度を実行する団体はFood Corporation of India（1964年に設立されたインド食料組合）であるが、この制度にまつわる深刻な汚職・賄賂が明らかになっており、インド政府はその改革を迫られていた。

その結果、PDS制度は1997年に導入されたTPDS（Targeted Public Distribution System＝受給対象者を明確にした政府による小麦、コメ、砂糖の低価格配給制度）に変更されることとなった。TPDSのもとでは、6千万人のBPL人口に対し、月に20kgを市場価格の50％引きで提供する。ただし、S.

第11章　食料安全保障と配給制度の課題

Mahendra Dev and Alakh N. Sharma（2010）によると、これが量的に拡大され、月に35kgとなり、対象者は貧困層の1億人にのぼるという。2001年の人口センサスでは5,000万人台であったスラム人口が2011年のセンサスでは9,300万人台（総人口の約7.8％）に増加しているが（Zee News, September 02, 2013）、この数値はTPDSが対象とする1億人とほぼ同じである。したがって、TPDSは、スラム人口に農村のBLP貧困層（農村人口の29％≒2億3千万人：2010年データ）を加えた貧困人口のごく一部のみを受給対象者としていることになる。

そこで、インド政府は国家食料安全保障法において、TPDSの枠組みも活用しながら食料受給の対象者を総人口の66％にあたる8億2千万人に拡大している。この制度では、貧困層に対する実際の食料配給は州政府に任されている。西ベンガル州政府（Department of Municipal Affairs, Govt. of West Bengal）によると、インド人口は、AAY（Antyodaya Anna Yojana　政策＝極貧として位置づけられた人口でインド総人口の約5％に当たる）とBPL（貧困線以下）そしてAPL（貧困線以上）に分別される。AAYを含むBPLには、証明用カードが渡され、このカードで市場価格以下での穀類と油脂類に加え砂糖が配給される。雑穀が1kg当たり1ルピー、小麦が1kg当たり2ルピー、コメが1kg当たり3ルピーの安値で配給されるという。特にAAYの極貧層に対しては、一月に35kgのコメが配給されてその他の貧困層と区別している。さらに、国家食料安全保障法では次のグループに当てはまる人口も対象としている。すなわち、妊婦および6か月-6歳までの児童と6歳-14歳までの児童に対しては学校で無料の食事を提供し、栄養失調の児童には中央政府が運営するanganwadiと呼ばれるシェルターハウスで無料の食事を提供、極貧人口には一日に1回以上の無料の食事が配給される。

これまでのTPDS制度における配給実績は**図5**に示した。特に2010-2011年度から配給量が増加してきていることから、この制度の重要性が増してきているといえよう。ただし、このTPDS制度は山積した課題を抱えたままでNFSB国家食料安全保障法が導入されようとしている。例えば、**図5**の2012-2013年度の実績値で3,500万トンに近い穀類が配給されたことになっているが、**図6**で示したように、過去に配給された食料配給カード（BLPとAAY）のうち36％は貧困層が保有し、

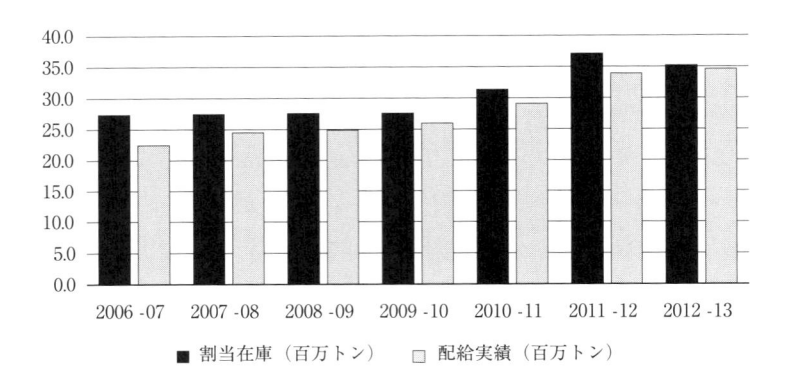

図5　TPDS制度下の在庫量と配給実績（小麦＋コメ）

出典: Food Corporation of India

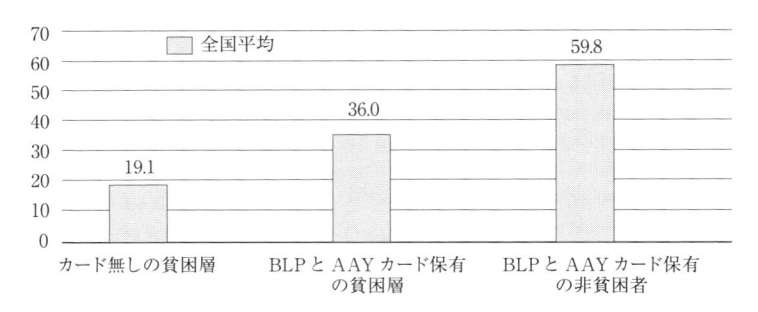

図6　公共食料配給制度における食料配給カードの分布（％；2007年）

出典: National Advisory Council（2011）

59.8％は非貧困層が保有していることになり、何者かが、配給カードの横流しをしていたことになる。多くの貧困層が食料配給カードを配給されておらず、TPDSの恩恵を受けていないことになる（配給制度の問題と検証についてはSaxena, NC, 2013に詳しい）。

したがって、TPDSの課題としては、BPLの人口に食料供給が十分にいきわたっていないこと、都市部の貧困層に偏った制度であること、最も必要としている貧困州の農村部にはわずかな量しか行き届いていないこと、信頼できる配給制度

第 11 章　食料安全保障と配給制度の課題

表1　TPDS制度下における［コメ＋小麦］の消失率

年	出荷量（百万トン）	受給者の消費量（百万トン）	消失割合、%
2004-05	29.35	13.5	54.1
2009-10	42.40	25.3	40.4

出典：Ashok Gulati, Jyoti Gujral, T.Nandakumar (2012): "National Food Security Bill Challenges and Options" Discussion Paper No. 2, COMMISSION FOR AGRICULTURAL COSTS AND PRICES, Department of Agriculture & Cooperation, Ministry of Agriculture, Government of India.

と信頼できる輸送手段が欠落していることなどが挙げられる。例えば、TPDSの制度下で配給された実績を**表1**（NSSO Survey（66th Round），Department of Food & Public Distributionのサンプルサーベイに基づくデータ）に示したが、TPDS管理局が管理している在庫から搬出され、貧困家庭に配給されるまでの間にリーク（消失）した穀物（コメ＋小麦）量は、2004-2005年で54.1％、2009-2010年で40.4％にも上る。この数値は、Saxena, NC（2013）がまとめた内容とほぼ同じである。このように、膨大な食料の消失原因は、適切な倉庫施設が不足し、的確な在庫管理マネジメントの欠落によるものも含まれるが、その多くは賄賂等の不正行為によるリークであるとされている。

4．おわりに

これまで述べてきたように、インドの公共配給制度の主流をなすTPDSには課題が山積している。上述の問題が解決しないままNFSB（国家食料安全保障法）が実施されると、食料配給の対象者が急増するだけでなく食料の消失・リーク分も含まれるため、予想を超える膨大な食料が必要となってくることは明白であろう。特に、干ばつなどの自然災害時には、国内の在庫・生産量だけでは間に合わず、海外からの緊急輸入が必要になる可能性もある。ポピュリズム的な要素も含むこの法案が2014年以降に実施された場合、インドの食料需給が大きく変化し穀物の貿易パターンにも変化をもたらす可能性は否定できない。

さらに、NFSBの導入は、インドのフードシステムにも大きな変容をもたらす

可能性がある。フードシステムの視点から考察すると、食料・食品の消費者の一角を成す極貧層も栄養不良の国民もこのシステム内の構成要因であるから、彼らの「主体性」を尊重し、その権利としてNFSBを進めることは理解できる。しかし、最低限の食料を「権利」として受給することの経済的効果と、マクロ経済の発展がもたらすトリクルダウン的な経済活動の便益要素を彼らが「主体性」をもってかつ「自立的」に取り組み、彼らがNFSBに係るコスト以上の国富をもたらす可能な仕組みは、議論の対象となっていない。例えば、TPDS下でリークした食料の事例が発生した場合は、受給の権利を持つ貧困層が彼らの権利を奪われたことになるから、彼らが組織的にいかに対応するか、そしていかに彼らの意見をTPDSの体制に反映させていくかという視点である。要するに、この特異なフードシステム内でいかに消費者がフィードバックをすることができるかの議論が求められる。

　もちろんインド政府もTPDSの制度下にあるFood Corporation of India（インド食料組合）と公平直売店（Fair price shops）等の腐敗に起因する食料のリークをなくすために、配給カードの認証制度を「家計単位」から「個人単位」に変更し、TPDSが比較的成功している代表的な州の体制とその手法も参考にしながら、様々な改善策を考慮するであろう。しかし、この食料安全保障の体制の実施・運営が民間ではなく完全に政府の管理下にある限り、食料安全保障体制にまつわる腐敗が消えることはないと思われる。NFSBの法案が上院で可決された場合、新体制下のTPDSは最短で2014年から開始される予定であるが、それまでの残り少ない期間でインド政府が配給制度を改善できる余地は少ない。インドの国家食料安全保障法が上院を通過した場合、国民の6割以上を対象とするTPDSの体制下で穀物の配給が開始された場合、海外からの輸入圧力が高まることになるであろう。

　インドでは、貧困層向け主食の穀類を中心とした食料安全保障の問題がクローズアップされている一方で、経済発展とともに広がる所得格差を背景に高級食材と高付加価値の食料消費パターンすなわち食生活の高度化が進展しているのも事実である（Ganguly, Kavery and Ashok Gulati, 2013）。これは、2009年における

第11章　食料安全保障と配給制度の課題

食料価格の高騰にみられるように、主食の穀類を中心としたインフレから高付加価値食品を中心とした食料インフレに変わったことからもうかがえる。2009年以降の食料インフレに対する抗議活動ではデモはみられてもコメ騒動を起こすような暴動的事象は確認できなかったことからも明らかであろう。

参考文献

Athreya, V. B., R. Rukmani and Others (2010) : *Report on the State of Food Insecurity in Urban India,* World Food Programme, M S Swaminathan Research Foundation, Centre for Research on Sustainable, Agriculture and Rural Development and the Food Aid Organization of the United Nations.

Bhama Devi Ravi (2013) : "The long awaited Food Security Bill" The New Indian Express, September 2nd, 2013.

CIA (2012) : CIA World Factbook.

Davis, John (2012) : "World Vegaism – past, present, and future.", e-book: www.ivu.org/history/Vegan_History.pdf

FAO (Food and Agricultural Organization of the United Nation) (2013) "Hunger Portal" : http://www.fao.org/hunger/en/

Ganguly, Kavery and Ashok Gulati (2013) : "The political economy of food price policy The case study of India" UN University WIDER Working Paper No. 2013/034.

Government of India (2012) : "The National Food Security Bill."

Gulati Ashok, Jyoti Gujral and T.Nandakumar (2012) : "National Food Security Bill Challenges and Options" Discussion Paper No. 2, Commision for Agricultural Costs and Prices, Department of Agriculture & Cooperation, Ministry of Agriculture, Government of India.

Infochange (2004) : *Drought in India,* PACS Programme, New Delhi.

Kattumuri, Ruth (2011) : "Food Security and the Targeted Public Distribution System in India" ASIA RESEARCH CENTRE WORKING PAPER 38, LSE Asia Research Center.

Mahendra, S. Dev. and Alakh N. Sharma (2010) : "Food Security in India: Performance, challenges and policies," Oxfam India Working Paper Series, OFIWPS-VII, Septemcer, 2010.

National Advisory Council (2011) : "Draft National Food Security Bill, Explanatory Note" New Delhi, Feb. 21, 2011.

Planning Commission, Government of India (2013) : http://planningcommission.

gov.in/
Saxena, NC（2013）:"Food & Nutrition Security in India", scribd.com, http://ja.scribd.com/doc/154510739/Food-Nutrition-Security-in- ndia
The Economic Times, July 9, 2013: "At Rs 1,25,000 cr, Food Security Bill largest in world: Implementation a challenge, says Morgan Stanley".
Zee News（2013）: September 02, 2013. http://zeenews.india.com/news/nation/india-s-slum-population-to-be-over-93-mn-in-2011_652679.html

終 章

フードシステムの展望と課題

上原　秀樹・下渡　敏治

1．フードシステムとインフレーション

　インド政府は、速報値として2013年度の実質GDPの成長率が4.9％になると発表した（日本経済新聞2014年3月1日）。2012年度の実績成長率が4.5％であることから、インフレ率を差し引いたGDPの成長率は2年連続で5％台を下回ることになる。3年前の2011年度の成長率が6％前後であったから、過去3年間のインドの成長率は、「ヒンドゥー成長率」よりも幾分高いが、労働市場に新規参入する人口の割合が高く、潜在的な失業率の高い新興国としては必ずしも十分な成長率が達成されているとは言えない状況にある。そしてそれは、中央銀行を中心としたマクロ経済政策のインフレーションへの対応が優先された結果でもある。高金利政策によってインフレを退治しても設備投資が低迷し、内需減退の副産物が残ってしまったのである。第1章でも論じているように、フードシステム大国であるインドにおいて潜在的な高度成長の可能性が生かされていない要因の一つに、多発するインフレーションの問題がある。第2章の中所得国の罠でも論じているように、最近のインド経済は、ブラジル、インドネシア、トルコ、南アフリカなどとともに、「フラジャイル5」とも呼ばれている。

　インド政府がインフレ抑制政策を優先させる理由の一つが以下に示すようにインドの国民性にある。インド国民は、物価の動向に極めて敏感であるといわれている。インドでは持続的な物価の高騰に対して、有効な財務金融政策が実施できない政権は崩壊するともいわれている。とりわけ、食料価格の急激な上昇に対し

終章　フードシステムの展望と課題

て国民は敏感に反応する。その理由として、全人口に占める中間所得層の比率は近年になって増加傾向を示し始めたばかりであり、まだまだ低所得層と貧困層の占める比重が圧倒的に大きいからであり、第1章と9章に示したように、インドの平均的な家計のエンゲル係数は高く、それだけ食料インフレの動向には消費者が敏感に反応し、政治的にも大きく取り上げられることがその背景にある。ただし、インド国民は付加価値の上昇を伴う食材価格の変化に対してはロジカルに理解できるため納得する傾向が見られる。しかしながら、現状ではインドの家庭の大部分では生鮮食品の消費が中心であり、それらと代替可能な加工食品の供給力は極めて低い。したがって、付加価値の上昇を伴わない生鮮食料品の価格上昇に対しては敏感であり、強い拒絶反応を示すと解釈できよう。

インドの近年における食料価格の上昇とその不安定性は、地域的な多様性を維持しながらも経済発展に伴って刻々と変化する家計の消費パターンに対して、フードシステムを構成する経済主体の変革が遅れているために、これらの変化に十分に対応できていないことから生じているといってよい。さらに、食料価格の変化はマクロレベルでの需給の逼迫が原因になっているというよりも、脆弱な社会インフラと制度の硬直性に起因する地域間または所得階層間の需給のアンバランスによって引き起こされているという特徴を持っている。要するに、「緑の革命」が成功を収めるまでの1980年代までのインドのフードシステムは、川上の食料生産の増強に政策の重点が置かれてきたが、それとは対照的に90年代の経済自由化以降は、所得の増加と都市化あるいは地域間格差に基づく最終消費者の変化への対応が遅れているフードシステムの「川中」と「川下」に対する様々な課題が浮き彫りにされてきているのである。

2．フードシステムの展開と課題

さて、以上の食料インフレを伴ったインドのフードシステムの特徴と課題を本書の副題でもある「経済発展とグローバル化の影響」に焦点を当てて、本書で展開された各章の内容を基に以下にまとめておこう。要するに、1947年の独立以降、

終章　フードシステムの展望と課題

80年代までは、他の発展途上国と同様に経済ナショナリズムが台頭したこともあり、政府の経済開発計画のもとで幼稚産業保護のための高い関税率による輸入代替政策が採用されてきた。ネルー元首相は、イギリスから独立を果たし、スラワジ（自治）を勝ち得たことで、次なる目標をスワデシ（国産品愛用）政策に設定したのである。この輸入代替政策は娘のインディラ・ガンディーの下で80年代まで引き継がれた（Luce, 2006）。

1990年代の初期から工業化に向けて始動したインドのグローバル化と経済発展のダイナミズムの第一波は、80年代までにフードシステムの川上に位置する農業で進展した「緑の革命」と「黄色の革命」および川上・川中の「白の革命」にみられる一定の農業・食料の生産性の向上が達成されたことにより、主要食料の国内自給が達成されたことで可能となった。要するに、ロストウが説くように、経済の発展過程で「工業化に向けた離陸」の条件がこの時期に整ったと言えよう。ただし、他の東南アジア諸国と同様にインド政府の輸入代替政策は失敗に終わり、その負の遺産としての財政破綻は、インドが保有する多額の外貨準備金の「金」を担保条件としたIMFの支援によって回避することができた（Luce, 2006）。このように、1990年代のIMFによる財政支援は経済の自由化をその前提条件としていたが、それに対して2000年代に顕著となったグローバル化と経済発展のダイナミズムの第二波においては、先進諸国が「西暦2000年問題」に対応するために安価で質の高いインドの情報サービス産業に依存するという予想外の受注機会が生じたことで、ICT（Information Communication Technology）産業が台頭し経済成長を牽引する役割を果たした。そして2000年代以降になると、自らが選択した貿易と投資制度の構造改革によって高い経済成長がもたらされたと言えよう。

モーリシャス在住のインド系を含め世界に点在する印僑（NRI）の活用も視野に入れた一連の経済開発計画による経済自由化とグローバル化が進展した結果、国内のフードシステムと海外のフードシステムを構成する主体間のリンケージ（例えば、欧米系のファーストフード業界の参入と国内食材の生産・供給増）の結合・連携関係が深化しつつあるが、その一方で、小売流通部門における大型店舗に対する規制緩和とサプライチェーンと流通インフラの整備が遅れていること

終章　フードシステムの展望と課題

など課題も山積している（6章）。それに加えて、小売部門の9割以上が「キラナ」と呼ばれる零細で尚かつ組織化されていない個人店舗の存在も大きな課題である。農業部門に次ぐ巨大な雇用吸収力を持つと言われているこのキラナと農村貧困層の潜在的な可能性を引き出すBOP（Base of Pyramids）ビジネスモデルの視点からは、都市の伝統部門のインフォーマルセクターと農村の貧困層の主体性に軸足を置いた改革、取り組みが求められている。

　本書で指摘されている川中、川下の問題は以下の5点である。①生鮮食品の消費構造が中心となっているインドのフードシステムにおいて近代的な物流輸送網の欠如が市場の不安定要素になっていること。②高温多湿のインドの食品流通において鮮度維持に不可欠な川下のコールドチェーンの整備が進んでいないことによって食料品が供給不足に陥りやすいこと。③食料ロスの削減に役立つ高付加価値食品の開発と展開に必要な近代的技術の導入が遅れていること。④川下においては組織化されていない小規模小売店のキラナが多数を占め、スーパーを含む総合小売業等の組織化された小売業が十分に発展していないこと。⑤潜在的な食料生産能力を十分に引き出すことができない川中産業と貿易構造の中で、印僑の有するノウハウと資本力を生かしたグローバルな戦略が不十分であること。そこで以下では、インドのフードシステムの構成主体である川中産業の加工食品と川下産業に焦点を当てて、その開発と発展が他の経済セクターに与える波及効果と役割についてまとめておこう。

　本書のいくつかの章でも指摘しているように、インドの農村部と都市の伝統部門（インフォーマルセクター）には、貧困線以下（BLP）の所得あるいはルイスが説く限界生産性が生存賃金率よりも低いレベルで生活しているBOPを構成する貧困層のマジョリティーが堆積している。第11章で論じたように、食料安全保障の新たな制度を組み合わせながら、中等教育と職業訓練体制を拡大することによって、インドの経済成長のボトルネックを解消する重要な産業部門であるフードセクターと労働集約的な食品加工業を発展させることが可能となる。労働集約的産業として位置付けられる食品加工業を振興することによって、農村の余剰労働力あるいは増加する若年層の雇用機会の時系列的な拡大が期待できる。このこ

終章　フードシステムの展望と課題

とは所得格差の拡大を抑制することにもなり、政府が推進する新たな食料安全保障政策のコストを削減することにも繋がる。近年、インドでは女性の社会進出が拡大しつつあり、それに伴うライフスタイルの変化や新たな食事パターンの変化にも対応できるようフードシステムの変革が求められているのである。

　さらに、川中産業の育成は食品加工率のアップに繋がり、新たな付加価値を生みだすだけでなく、インドの都市部を中心とした中間所得層の食品需要、パッケージ食品の需要増加にも対応できることになる。それはまた、高温多湿なインドにおいて深刻な食料ロスの原因となる腐食防止にも繋がり、なおかつ生鮮食品の代替財の選択肢が拡がり、食料インフレの抑止力としても有効である。加えて、パッケージ加工食品は長距離・長時間の輸送に耐えることができ、販路拡大が可能となり、輸送コストを引き下げることができる。Confederation of Indian Industry & McKinsey Company（2013）の予測では、牛乳の消費量が急増したことで牛乳パックの成長率が最も高くなっているが、次に高いのが加工鶏肉のパックで、その次に小麦粉のパック、菓子・スナック類のパック商品と続き、パッケージ食品の開発とその重要性が高まっていることが判る。当然のことながら、HACCP等のグローバル・スタンダードの導入による食品加工の安全性（SPS）も同時に高めなければならないことは言うまでもない。

　大豆生産の課題に関しては第5章で論じているが、インドでは大豆は食用油としてだけでなく菜食主義者に対応可能な極めて重要な作物である。大豆の加工食品としては各種グルテンに代表されるような新商品の開発・導入とその普及拡大を、小分けのパッケージ食品として商品化することによってその商品としてのポテンシャルには侮れないものがある。さらに、ビジョン2015によるメガ・フード・パークを中心とした加工食品生産の展開と開発モデルが以上の展開の起爆剤になる可能性も高いといえよう。当然のことではあるが、食品加工業を振興・発展させるには、道路・交通網インフラの整備とコールドチェーンを含む輸送ロジスティック体制の整備に加えて、各州と地域ごとの発電力の増強と送電・配電網の整備が必要であることは言うまでもない。

終章　フードシステムの展望と課題

3．グローバル化とフードシステムの課題

　カレーとスパイスに代表されるインドの食文化は、中華料理と並んで既に数百年に亘ってグローバル化が進み、世界各地の人々に受け入れられ様々な恩恵を与えている。インド料理の普及・拡大に関しては、歴史的に世界各地で活躍している印僑の果たしてきた役割が無視できないし、今後とも彼らを活用したインド食品・食材の輸出拡大が重要な課題になるものと思われる。食料品輸出に関する考察は第3章と7章に詳しいが、以下ではインドの食料品の輸出に関して、顕示的な比較優位性（RCA：1以上は比較優位性があるが、1以下は比較劣位性を表す）の観点から整理しておこう。

　図1はHS標準（Harmonized Commodity Description and Coding System）で分類した食品項目のRCAのデータ（2009-2012年）を示したものである。穀類、茶・コーヒー等、糖類・砂糖菓子、魚介類、食用肉類の順にRCA指数が高いだけでなく、これらの品目のRCA指数が上昇傾向にあり、第7章の図3の傾向とほぼ合致していることが判る。要するに、これらの多くが国内資源をベースにした産業（RBI：Resource Based Industries）であり、国内の資源賦存に合致した食品産業の産物であるといえる。食品製造業の課題は、より付加価値を高めた食品に加工・パッケージ化し、輸出力を高めることである。一方、図2は、RCA指数が低下しつつある食品またはRCA指数が1以下の項目を示してある。これらの品目は、たばこ製品、野菜・根菜類、果実・ナッツ類、動物・植物性油脂、穀物加工・穀粉加工調整食品、青果物の加工食品、酪農品、飲料品となっており、加工度が高く付加価値の高い品目と国内需要が急増し輸出余力が低下してきている食品が目立つ。これらの2つの図からは、国内フードシステムの川中に位置する食品加工産業の育成と輸出に向けた物流ロジスティック（第8章に詳しい）の拡充が急務となっていることが理解できる。

　以上の食料・食品輸出の実態と課題に対して、インド国内における世界からの食文化の受け入れは、欧米系のファーストフード業界の都市部をターゲットにし

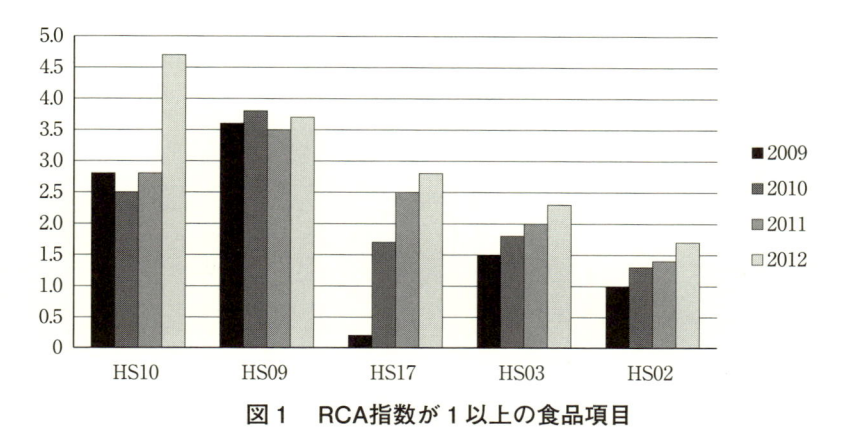

終章　フードシステムの展望と課題

図1　RCA指数が1以上の食品項目

出典: International Trade Center, UNCTAD

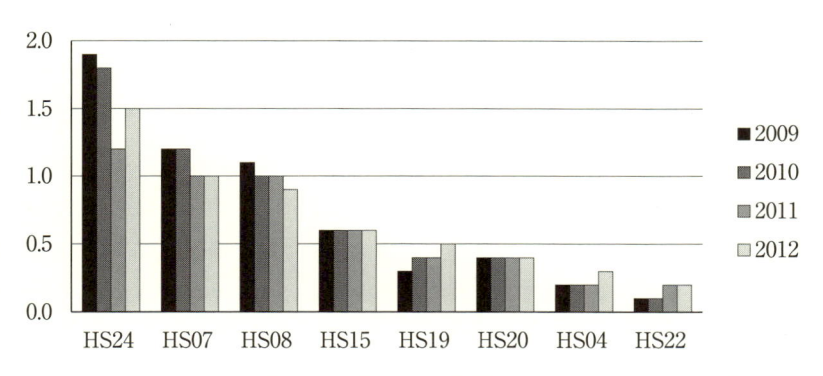

図2　RCAが低下傾向を示す食品項目とRCA<1の食品項目

出典：図1と同じ

た直接投資による市場参入を中心に2000年代半ば以降にスタートしたばかりであり、その展開の歴史は極めて短い。フードシステム関連の海外直接投資の実態については第7章で論じられているが、ここでは、フードシステムの内なるグローバル化の課題について整理しておきたい。

既に述べたように、多湿高温のインドにおいては食品ロスを最小化するための

終章　フードシステムの展望と課題

表1　HSコード別食品の内容

分類番号	内容
第02類	肉及び食用のくず肉
第03類	魚並びに甲殻類、軟体動物及びその他の水棲無脊椎動物
第04類	酪農品、鳥卵、天然はちみつ及び他の類に該当しない食用の動物性生産品
第07類	食用の野菜、根及び塊茎
第08類	食用の果実及びナット、かんきつ類の果皮並びにメロンの皮
第09類	コーヒー、茶、マテ及び香辛料
第10類	穀物
第15類	動物性又は植物性の油脂及びその分解生産物、調製食用脂並びに動物性又は植物性のろう
第17類	糖類及び砂糖菓子
第19類	穀物、穀粉、でん粉又はミルクの調製品及びベーカリー製品
第20類	野菜、果実、ナットその他植物の部分の調製品
第22類	飲料、アルコール及び食酢
第24類	たばこ及び製造たばこ代用品

出典：財務省関税局

　グローバル・スタンダードのパッケージ商品等の開発が重要であるが、そのためには外資系食品企業の直接投資を呼び込むのが最良の手段である。そのためには、投資関係の規制緩和をさらに拡大し外資系企業の障害を取り除く努力が必要である。表2は、外資系企業がインド市場に参入する際の参入障壁と弊害について、他の人口大国でなおかつ新興国でもある中国とインドネシアに対するインドのデータを比較する目的で作成したものである。表によると、非関税障壁は3つの国がともにほぼ同じ値であるが、貿易手続きのコストに対するインドの数値が他よりも高く、中国やインドネシアより高く評価されていることが判る。

　しかしながら、インド国内において既存の外資系企業が直面している商取引に伴う賄賂と所有権の保護に関する評価では、インドネシアよりは高いものの中国よりも低くなっている。第9章でも論じられているが、インド国内ではこうした社会的慣行と官僚制度にまつわる賄賂と腐敗が蔓延し、それに伴う社会的、経済的な損失が大きいことが指摘できる。本書の第Ⅲ部で論じられている食料安全保障の配給制度でも明らかとなったが、以上のような点はフードシステム内のその他の経済活動でも例外なく指摘できる。これらはインド社会にとって極めて深刻な問題であり、食品産業の近代化に不可欠なグローバル化の流れにも逆行するものである。以上の課題に加え、インドに特有の労働市場の規制と労働慣行が背景

表2 外資系企業に対する参入障壁と弊害に関する3人口大国の評価（2011年）

	外資系の食品企業数	非関税障壁	貿易手続きコスト	商取引に伴う賄賂	所有権の保護
インド	97	5.4	7.6	3.9	5.6
中国	1234	5.4	6.9	4.9	6.4
インドネシア	216	5.5	7.3	3.8	5.1

出典：International Trade Center, UNCTAD; Economic Freedom of the World Reports, The Fraser Institute.
注：0-10段階の評価で、0が最低評価、10が最高評価。

にある労働争議の多発に対して、グローバル・スタンダードに接近させることが求められている。労働争議は政治的にも利用されることが多く、今後インド社会がこれらの課題にどのように向き合い、コンプライアンスを確立することができるか否か、グローバル社会がその動向を注視している。

参考文献

Confederation of Indian Industry & McKinsey Company (2013) : "India as an agriculture and high value food powerhouse by 2030: A new vision for 2030," Food and Agriculture Integrated Development Action (FAIDA) 3, April 12.

Hammond, Allen L, William J. Kramer, Roberts S. Katz, Julia T. Tran, Courtland Walker (2007) : "The Chapter 8 Food Market," *The Next 4 Billion, Market Size and Business Strategy at the Base of the Pyramid*, World Resources Institute and International Finance Corporation, Washington DC.

Luce, Edward (2006) : *In Spite of the Gods: The Strange Rise of Modern India*, Little, Brown. 田口三和訳 (2008)『インド厄介な経済大国』日経BP社。

Ministry of External Affairs (2007) : *Dynamic Business Partner: Investor Friendly Destination*, Investment & Technology Promotion Division, Ministry of External Affairs, Government of India and Federation of Indian Chambers of Commerce and Industry. http://indiainbusiness.nic.in/Book.pdf

あとがき

　ようやく『インドのフードシステム』が刊行の運びとなった。構想から5年余りが経過したことになる。出版が大幅に遅れたのは、執筆に必要な統計資料の入手や現地での実態調査と分析作業に手間取ったことに加えて、執筆者の選定に曲折があったこと、そしてなによりも編集者二人が学内外の業務に忙殺されたことがその理由である。本書の刊行は、執筆メンバー数名が科学研究費補助金その他の研究助成金でインドを訪問する機会に恵まれたのがきっかけである。

　この間、日印両国の経済関係も大きく変化し、未知の巨大市場の可能性と魅力ある投資先として注目されながら、複雑な制度や規制に阻まれハードルの高いリスキーな市場として敬遠されてきたインド市場への日本企業の直接投資も増加しつつある。さらに2012年8月にはカンボジアのシェムリアップで開催されたASM+ASEANFTAパートナーズ経済大臣会議に、日本、中国、韓国、豪州、ニュージーランドにインドを加えた6ヶ国の経済担当大臣が出席し、東アジア地域包括的経済連携（RCEP）の交渉開始が合意され、アジア全体の新たな経済貿易圏の枠組みが誕生しようとしている。中国と肩を並べる大国として注目されながら、どちらかというとアジアでは異端の存在として扱われてきたインドがRCEPのメンバーになることによって、世界のGDPの30％、貿易額の33％、人口の50％を占める巨大経済圏が生まれることの意義は大きい。

　そのインドの将来にとって重要な鍵となるのが農業・食料セクター（フードシステム）である。しかしながら、インドの農業・食料セクターに関しては、インドの社会経済におけるその重要な機能や役割にも関わらず日本の研究者の間ではあまり大きな関心が払われてこなかった。日本では少数の専門家によって主にインド農業に関する研究がおこなわれてきたが、フードシステム全体を視野に入れた研究は実施されてこなかった。こうしたことから、インドのフードシステムの概要がわかる、インドの食料・農業問題の理解に少し役に立つということを目標に、執筆者を募って取り纏めたのが本書である。

本書を刊行することができたのは、多忙な業務の合間をぬって早々に原稿を執筆していただいた国際協力機構（JICA）インド・マディア・プラデシュ州大豆増産プロジェクトのチーフアドバイザーの小林創平氏、同プロジェクト専門家の辻耕治氏、業務調整専門家の中西泉氏のご尽力によるところが大である。また流通経済大学の横井のり枝氏には早々に原稿を提出していただいたにもかかわらず、編集作業の遅延によって大変迷惑をかけてしまった。ここにお詫びと感謝の意を表したい。

　最後に、本書の編集作業と出版にあたっては、筑波書房の鶴見治彦氏に多大なご尽力をいただいた。構想から出版まで長い時間がかかってしまい鶴見社長には大変なご迷惑をおかけすることになってしまった。ここに心より感謝申し上げたい。

2014年6月

執筆者を代表して
下渡　敏治
上原　秀樹

索引

A~Z
APED……120
APMC……109、133-134
BOP……202
BPL……188-189、192-194
BRICS……19、169、180
BRICs……23-24、40、43、58、186、188
C&FA……135-137、143
FDI……30、38、40-41、54、56、122
Food Corporation of India……192、196
MP州……3、80、82-91
MRP……136-137、143、149
NFSB……190、192-193、195-196
NMFP……72-73
NRI……38、201
Planning Commission……63、125、187
TPDS……192-196
WTO……7、131

あ行
アッサム州……13
アンナ・ハザレ……155-159
一次加工……116-117、121
印僑……38-39、201-202、204
インフラ……14、28-33、36-38、44、58-60、66、68-69、71-75、111-112、120、122、124-126、129、131、145-148、167、173、175、177、179、181、200-201、203
インフレ……24、31-32、36、68、72、160-161、197、199-200、203
ウォルマート……132、144、148、150
ウッタル・プラデシュ州……13、18、59
栄養失調……188-189、193

エンゲル係数……165、200
卸売業者……107-108、133、136-137、179

か行
カースト……7、16、156、167
海外直接投資……32、37
外資……3、16、40、47、53、55、58、60、115、122、131-132、134、137-139、144-148、150、206-207
外資規制……48、132、144、181
外食……115、167
外食産業……20
加工食品……1、3、7、14-15、26、48-49、55、115-117、120-123、128、135-136、140、143、149、167、179、181、200、202-204
カルナタカ州……13
カルフール……144
川上……3、7、8、10、16、74、170、200-201
川下……7、8、200、202
為替レート……26、40-41、100
川中……3、7-8、16、48、74、200-204
環境問題……3、4、59、169-170、175-176
関税率……52、201
黄色の革命……169、189、201
飢餓……155、159-160、187-188、190
飢饉……187-189
技術革新……23、66
牛乳……1、11、13、16-18、124、167、185-186、189、203
キラナ……140-141、202
グジャラート州……12、17、99

グローバリゼーション（グローバル化）……24、40、47、53、57-58、119、168、185、200-201、204-206
グロサリー……140-141
ケララ州……13、17
香辛料……10、48-49、51、103、121、206
紅茶……14、48、55-56
コーヒー……14、48-49、55-56、121-123、204、206
コールド・チェーン……30、58-59、72-73、75、110-111、125-126、137、142-143、181、202-203
五ヵ年計画……21、61-72、74-76
穀類……1、10-11、13-14、16-18、48、51、69-70、116-117、120-122、124、128、133-134、169、186、188-190、192-193、196-197、204
国家計画委員会……63-65、125
小麦……11、17-20、41、49、120、166-168、172-173、189-190、192-195
コメ（米）……3、11、17-20、41、48-49、51、120、123-124、166-168、172-173、190、192-195
混合経済……61、74
コンビニエンスストア……140-142、148

さ行

菜食主義者……9、161、186、203
栽培技術……83-84、91
サトウキビ……11、111
サプライチェーン……7、20-21、30、72-74、95、107-112、125-126、129、179-181、201
サプライヤー……143、147、150
三次加工……116-117
市場シェア……56、104、117、123、128
ジニ係数……165
食品加工……30、54、71-73、170、203

食品加工業……123、159、202-203
食品小売業……21、56-57、132、138-139
食品スーパー……148
食品流通……3、132、179、202
食品流通業……1、20-21、55
植物油脂……48、51、123-124
食料安全保障……4、19、72、74、185-190、196、202-203、206
食料自給……8、120
食料政策……17
食料の損失率……13
食料配給制度……190、192、194
ショッピング・モール……56、115、141
白の革命……169、180、189、201
シングルブランド小売業……131、144、146、149
人口増加率……7、9、66
水産食料品……116-117、119、121-122、128
スーパー・マーケット……56、107-112、125、131、140-144
青果物……3、95-99、102、107-112、133、204

た行

ターナー市……155-156、161-168
第12次五ヵ年計画……61、63-64、67-75、128
大豆……3、79-86、88-92、203
大豆油……81-82、88、92、117
大豆粕……79、81-82、88、92
大豆栽培……80、82-84、86-88
多層性……7
畜産……69-70
中間層……9、115、162-165
中小零細小売店……134-136、149
中所得国の罠……3、23-24、30、199
テイクアウト……141

低所得層……56、155、157、163-165、200
デリー……32、100、102-104、106、115、141、176
都市化……16、24、41、115、167-169、186、200
鶏肉……13、129、166-167

な行

中食……167
二次加工……116-117
二重経済発展論……28
乳製品……11、16-18、51、116-117、120-122、128、167、185
農業関連産業……11-13、70
農業大学……86-88、92
農業投資……19-20、24
農産品加工（農産加工）……3、120-121、129
農産品貿易……47
ノウハウ……131-132、134、139、146-149、202
農薬……90-91、120、170

は行

配給制度……4、187、194-196、206
ハイパーマーケット……109、131、140-143
貧困線以下……42、187-189、192-193、202
ヒンドゥー成長……48、199
フードシステム……1-4、7-10、13、16-17、20-21、24、47-48、53-54、56-60、63、68、74-75、88、92、95、169-170、179、195-196、199-206

付加価値……11、14、26-28、30、33、41、57、116、125-126、181、200、203-204
不可触民……157
物流センター……133-134、142
腐敗……3、44、116、125、155、157-158、175、185、196、206
富裕層……3、9、51、156、160、162-164
ベジタリアン……161、166

ま行

マディヤ・プラデシュ州（マディア・プデシュ州）……13、17-18、79、83、88、99、102、105
マハラシュトラ州……13、18、80、83、155、158、161-163
マルチブランド小売業……138、144-147
緑の革命……66、120、168-169、177、180、189、200-201

や・ら・わ行

輸出志向……40-41
輸入代替……40-41、62、201
ラーメン……10
流通構造……3、132-135
流通組織……3
リンケージ……3、69、75、201
ルイス……28、30、202
零細小売……136-138、144-146
ロジスティックス……69、75
賄賂……155、157-158、192、195、206-207

執筆者一覧（執筆順・役職は執筆当時）

下渡　敏治（しもわたり　としはる）（編者）、序章、第１章、第３章、終章
日本大学生物資源科学部・教授

上原　秀樹（うえはら　ひでき）（編者）、序章、第２章、第９章、第11章、終章
明星大学経済学部・教授

星野　琬恵（ほしの　わんけい）　第３章
日本大学大学院博士後期課程

立花　広記（たちばな　ひろき）第４章、第７章
一般社団法人　農協流通研究所・研究員

小林　創平（こばやし　そうへい）第５章
国際協力機構（JICA）
インド・マディヤ・プラデシュ州大豆増産プロジェクト・チーフアドバイザー

辻　耕治（つじ　こうじ）第５章
国際協力機構（JICA）
インド・マディヤ・プラデシュ州大豆増産プロジェクト専門家

中西　泉（なかにし　いずみ）第５章
国際協力機構（JICA）
インド・マディヤ・プラデシュ州大豆増産プロジェクト業務調整専門家

ザイデン　サフダ（ざいでん　さふだ）第６章
元オランダ農業経済研究所（LEI）・研究員

宮部　和幸（みやべ　かずゆき）第６章
日本大学生物資源科学部・教授

横井　のり枝（よこい　のりえ）第８章
流通経済大学流通情報学部・准教授

ロイ　キンシュック（ろい　きんしゅっく）第10章
日本大学生物資源科学部・教授

インドのフードシステム
―経済発展とグローバル化の影響―

定価はカバーに表示してあります

2014年8月14日　第1版第1刷発行

編著者　下渡敏治・上原秀樹
発行者　鶴見治彦
　　　　筑波書房
　　　　東京都新宿区神楽坂2-19　銀鈴会館　〒162-0825
　　　　電話03（3267）8599　www.tsukuba-shobo.co.jp

©下渡敏治・上原秀樹 2014 Printed in Japan

印刷/製本　平河工業社
ISBN978-4-8119-0443-6 C3033